图说经典百科

图说 化学世界

《图说经典百科》编委会 编著

U0208668

彩色图鉴

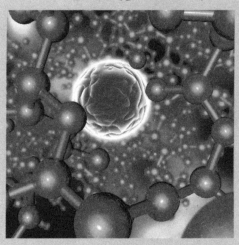

南海出版公司

图书在版编目（CIP）数据

图说化学世界 ／《图说经典百科》编委会编著. ——
海口：南海出版公司，2015.9（2022.3重印）

ISBN 978-7-5442-7951-2

Ⅰ．①图… Ⅱ．①图… Ⅲ．①化学－青少年读物
Ⅳ．①O6-49

中国版本图书馆CIP数据核字（2015）第204892号

TUSHUO HUAXUE SHIJIE

图说化学世界

编　　著	《图说经典百科》编委会
责任编辑	张爱国　梁珍珍
出版发行	南海出版公司　电话：（0898）66568511（出版）
	（0898）65350227（发行）
社　　址	海南省海口市海秀中路51号星华大厦五楼　　邮编：570206
电子信箱	nhpublishing@163.com
经　　销	新华书店
印　　刷	北京兴星伟业印刷有限公司
开　　本	787毫米×1092毫米　1/16
印　　张	7
字　　数	70千
版　　次	2015年12月第1版　　2022年3月第2次印刷
书　　号	ISBN 978-7-5442-7951-2
定　　价	36.00元

在日常生活中，人们处处离不开化学。懂点化学知识，我们对生活会更加明了。服装，尤其是现代的服装，很多都是用化学方法生产制造的人造纤维；人一天需要多少蛋白质，需要多少微量元素，从哪里摄取，化学可以告诉你；进食后，食物如何消化分解，如何进行反应变化，成为人体所需的能量，生物化学可以告诉你答案；哪些物质是有毒的，是致癌的，如何避开这些物质，使自己免受不必要的伤害，化学也可以告诉你。

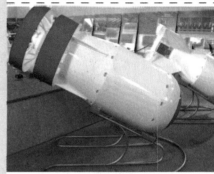

化学是有趣的。石墨与金刚石，看起来是截然不同的两种东西，竟然都是由碳原子组成！美甲天下的桂林山水，原来是碳酸钙这种不起眼的化学物质制造的！美丽的烟花爆竹，为什么会这么五彩缤纷呢？色彩斑斓的霓虹灯，为什么会有这么多姿多彩的颜色呢？当你被这些知识所吸引的时候，你会感觉到化学的无穷魅力。

本书从简单的化学知识入手，直白又有趣地讲述了生活中一些司空见惯的事物的来历、用途、种类等。全书深入浅出，集知识性、实用性和趣味性于一体，是一本对青少年大有裨益的化学科普读物。

由于作者的学识有限，在编撰过程中难免有一些不足之处，还请读者不吝指正。

目录
Contents

Ch1 1 元素构成了这个世界

Ch2 20 看不见却离不开的气体

目录
Contents

Ch6 90 日常生活里的化学奥妙

Ch7 99 为化学献身的先驱们

图说化学世界

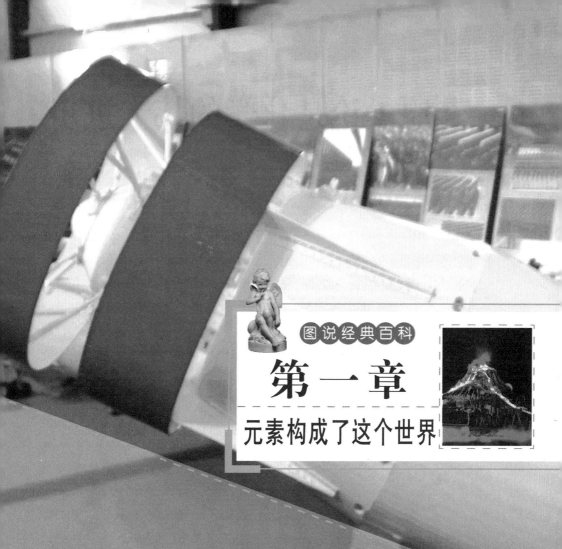

图说经典百科

第一章

元素构成了这个世界

古希腊人说宇宙万物是由"水、火、土、气"四种元素组成，而我们的祖先则认为宇宙万物由"金、木、水、火、土"五行组成。现在我们都知道了，这个世界其实是由元素周期表上面的那一百多种元素组成。就是这一百多种元素，构成了这个变幻莫测的世界。

原子论是化学的伟大进步

☆ 名称：原子论
☆ 提出者：德谟克利特
☆ 发展者：道尔顿

　　一般认为，原子论源于德谟克利特的学说。在牛顿的力学体系建立之后，当时的科学家又对德谟克利特的原子论进行完善推演，逐渐形成了现代的原子论。

提出原子论

　　德谟克利特认为，万物的本原是原子和虚空。原子是不可再分的物质微粒，虚空是原子运动的场所。人们的认识是从事物中流射出来的原子形成的"影像"作用于人们的感官与心灵而产生的。

　　但是，当时的大科学家亚里士多德反对原子论，因此德谟克利特的原子论一直未被很多人接受。

　　进入中世纪之后，也有少数的人曾相信原子论。但是中世纪欧洲在这些"科学问题"上，亚里士多德的学说在起主导作用。而且，"大自然厌恶真空"的教条又非常契合人们的常识，因此，原子论一直处于死寂状态。

原子论的发展

　　西方文艺复兴之后，自然科学的研究日益受到人们的广泛重视。以牛顿力学体系的建立为标志，自然科学进入了一个辉煌的发展时期。由于法国学者伽森第等人的努力，德谟克利特等人的原子论在17世纪得以复活。然而，此时原子论的推行者们感兴趣的方向已经不仅仅是设想原子如何组成世界，而是如何在原子论的基础上建立起物理学和化学的基本理论。一群才华横溢的科学家开始了对原子学说的研究，笛卡尔、博斯科维奇、塞诺特、波义耳、拉瓦锡等等纷纷对之进行了深入的研究，取得了一定的成果。

道尔顿的贡献

在近代原子论的建立中，英国伟大的科学家道尔顿做出了不可磨灭的贡献，他通常被看成科学原子论之父。他把波义耳、拉瓦锡的研究成果，即化学元素是那种用已知的化学方法不能进一步分析的物质，同原子论的观点结合起来。他提出，有多少种不同的化学元素，就有多少种不同的原子；同一种元素的原子在质量、形态等方面完全相同。他还强调查清原子的相对重量以及组成一个化合物"原子"的基本原子的数目极为重要。关于原子组成化合物的方式，道耳顿认为这是每个原子在牛顿万有引力作用下简单地并列在一起形成的。在化学反应后，原子仍保持自身不变。尽管现代科学的发展在一定程度上修正了原子本身的物理不可分和万有引力将原子连接在一起的观点，但是道耳顿对原子的定义却被广泛地接受。

↓布鲁塞尔原子塔

金刚石和石墨都是碳吗

☆ 名称：碳

☆ 元素符号：C

☆ 性质：常温下单质碳的化学性质不活泼，不溶于水、稀酸、稀碱

☆ 常见单质：金刚石、石墨

碳是一种很常见的元素，广泛地存在于地壳与大气中。碳在人类生活中有很大的作用，人类生产、生活处处离不开它。

钻石恒久远

金刚石是自然界中最坚硬的物质，它的硬度是刚玉的4倍，石英的8倍。

金刚石为什么会有如此大的硬度呢？

早在公元1世纪的文献中就有了关于金刚石的记载，然而，在其后的1600多年中，人们始终不知道金刚石的成分是什么。直到18世纪后半叶，科学家才搞清楚了构成金

刚石的"材料"。

18世纪70年代至18世纪90年代，法国化学家拉瓦锡等人进行在氧气中燃烧金刚石的实验，结果发现得到的是二氧化碳气体，即一种由氧和碳结合在一起的物质。这里的碳就来源于金刚石。终于，这些实验证明了组成金刚石的材料是碳。

知道了金刚石的成分是碳，仍然不能解释金刚石为什么有那样大的硬度。例如，制造铅笔芯的材料是石墨，成分也是碳，然而石墨却是一种比人的指甲还要软的矿物。金刚石和石墨这两种矿物为什么会如此不同？

这个问题，在1913年才由英国的物理学家威廉·布拉格和他的儿子做出了回答。布拉格父子用X射线观察金刚石，研究金刚石晶体内原子的排列方式。他们发现，在金刚石晶体内部，每一个碳原子都与周围的4个碳原子紧密结合，形成一种致密的三维结构。这是一种在

其他矿物中都未曾见到过的特殊结构。而且，这种致密的结构，使得金刚石的密度为每立方厘米约3.5克，大约是石墨密度的1.5倍。正是这种致密的结构，使得金刚石具有最大的硬度。换句话说，金刚石是碳原子被挤压而形成的一种矿物。

人造金刚石

金刚石是自然界中最坚硬的物质，因此也就具有了许多重要的工业用途，如精细研磨材料、高硬切割工具、各类钻头、拉丝模等。金刚石还被作为很多精密仪器的部件。

金刚石具有超硬、耐磨、热敏、传热导、半导体及透远红外线等优异的物理性能，素有"硬度之王"和宝石之王的美称，金刚石的结晶体的角度是54度44分8秒。20世纪50年代，美国以石墨为原料，在高温高压下成功制造出人造金刚石。现在人造金刚石已经广泛用于生产和生活中，虽然造出大颗粒的金刚石还很困难（所以大颗粒的天然金刚石仍然价值连城），但是已经可以制成金刚石的薄膜。

扩展阅读

石墨是一种深灰色、有金属光泽而且不透明的细鳞片状固体，质软，有滑腻感，具有优良的导电性能。石墨中碳原子以平面层状结构键合在一起，层与层之间键合比较脆弱，因此层与层之间容易滑动而分开。

主要作用：制作铅笔、电极、电车缆线等。

富勒烯（C_{60}）是于1985年发现的继金刚石、石墨和线性碳之后碳元素的第四种晶体形态。

富勒烯是一种新发现的工业材料，它的硬度比钻石还硬，韧度（延展性）比钢强100倍，它能导电，导电性比铜强，重量只有铜的1/6。

其中柱状或管状的分子又叫作碳纳米管或巴基管。C_{60}分子具有芳香性，溶于苯呈酱红色，可用电阻加热石墨棒或电弧法使石墨蒸发等方法制得。C_{60}有润滑性，可能成为超级润滑剂。金属掺杂的C_{60}有超导性，是有发展前途的超导材料。C_{60}还可能在半导体、催化剂、蓄电池材料和药物等许多领域中得到应用。

↓钻石

"鬼火"是真的有鬼作祟吗

☆ 名称：磷

☆ 元素符号：P

☆ 性质：无色或淡黄色的透明结晶固体，略显金属性

磷在生物圈内的分布很广泛，在地壳中含量丰富，列第十位，在海水中浓度属第二位。磷广泛存在于动植物组织中，也是人体含量较多的元素之一，稍次于钙，排列第六位。磷约占人体重的1%，成人体内约含有600克—900克的磷。体内磷的85.7%集中于骨和牙，其余分布于全身各组织及体液中，其中一半存在于肌肉组织。它不但构成人体成分，且参与生命活动中非常重要的代谢过程，是机体很重要的一种元素。

恐怖的"鬼火"

在田野郊外，晚上有时可见到忽隐忽现的惨淡火光，飘忽不定，若隐若现，甚至会跟着人的脚步移动，让人感到毛骨悚然，以为是鬼魂作祟。

关于"鬼火"，在世界各地皆有很多传说。例如在爱尔兰，"鬼火"就衍生为后来的万圣节南瓜灯，安徒生的童话中也有以鬼火为题的故事《鬼火进城了》。日本传说中的鬼怪，亦多有描述鬼火，在绘制这些鬼怪（尤其是夏天出没的鬼怪）的时候，经常会画几团鬼火在旁边。

中国对鬼火的传说也很多，清朝蒲松龄所写的《聊斋志异》中就经常提及鬼火。而民间则认为鬼火是阎罗王出现的鬼灯笼。

鬼火的成因

难道真的是"鬼火"吗？真的是死人的阴魂吗？当然不是，人死了，人体的组成部分将会散为骨骸或灰烬。

德国炼金术士勃兰特在1669

年发现磷后，就用了希腊文的"鬼火"来命名这种物质，但该希腊词亦可解作"启明星"。

"鬼火"其实就是磷火，是一种很普通的自然现象。清代纪晓岚在《阅微草堂笔记·第九卷》也写道："磷为鬼火。"

人体的绝大部分组织是由碳、氢、氧三种元素组成。除它们以外，还含有其他一些元素，如磷、钙、铁等。人体的骨骼里含有较多的磷化钙。人死之后，体内的磷由磷酸根状态转化为磷化氢。磷化氢是一种气体物质，燃点很低，在常温下与空气接触便会燃烧起来。磷化氢产生之后，沿着地下的裂痕或孔洞冒出到空气中，燃烧发出蓝色的光，这就是磷火，也就是人们所说的"鬼火"。

那为什么"鬼火"还会追着人"走动"呢？大家知道，在夜间，特别是没有风的时候，空气一般是静止不动的。由于磷火很轻，如果有风或人经过时，会带动空气流动，磷火也就会跟着空气一起飘动，甚至伴随人的步子，你慢它也慢，你快它也快；当你停下来时，由于没有任何力量来带动空气，所以空气也就停止不动了，"鬼火"自然也就停下来了。

第一章 元素构成了这个世界

↓ "鬼火"

溴的发现一波三折

☆ 名称：溴

☆ 元素符号：Br

☆ 性质：常温下为深红棕色发烟挥发性液体。有窒息性气味，其烟雾能强烈地刺激眼睛和呼吸道。对大多数金属和有机物组织均有侵蚀作用

常温下溴是棕红色发烟液体。密度为3.119克每立方厘米，熔点为-7.2℃，沸点为58.8℃。溴蒸气对黏膜有刺激作用，易引起流泪、咳嗽。

溴的发现

溴的发现曾有一个有趣的故事：1826年，法国的一位青年波拉德在很努力地研究海藻。当时人们已经知道海藻中含有很多碘，波拉德便在研究怎样从海藻中提取碘。他把海藻烧成灰，用热水浸取，再往里通进氯气，这时，就得到紫黑色的固体——碘的晶体。然而，奇怪的是，在提取后的母液底部，总沉着一层深褐色的液体，该液体具有刺鼻的臭味。这件事引起了波拉德的注意，他立即着手详细地进行研究，最后终于证明，这深褐色的液体，是一种人们还未发现的新元素，并把它称为rutile（意为红色），而他的导师约瑟夫·安哥拉达则建议称之为muride，源自拉丁文字murid，意思是卤水。波拉德

↓提取溴的工具

把自己的发现通知给巴黎科学院。科学院把该新元素改称为"溴"，按照希腊文的原意，就是"臭"的意思。

1825年，德国海德堡大学学生罗威把家乡克罗次纳的一种矿泉水通入氯气，产生一种红棕色的物质。这种物质用乙醚提取，再将乙醚蒸发，则得到红棕色的液溴。所以他也是独立发现溴的化学家。有趣的是，他用这种液体申请了一个在里欧波得·甘末林的实验室的职位。由于发现的结果被延迟公开了，所以波拉德率先发表了他的结果。

溴的分布

在所有非金属元素中，溴是唯一的在常温下处于液态的元素。

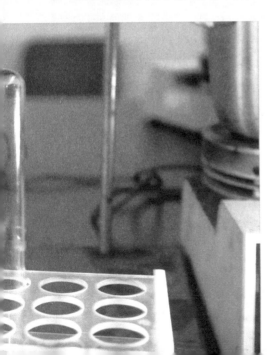

正因为这样，其他非金属元素的中文名称部首都是"气"（气态）或"石"（固态）旁的，如氧、碘，而只有溴是三点水旁的——液态。溴是深褐色的液体，比水重两倍多。溴的熔点为$-7.2\,^{\circ}\mathrm{C}$，沸点为$58.8\,^{\circ}\mathrm{C}$。溴能溶于水，即所谓的"溴水"。溴更易溶解于一些有机溶剂，如三氯甲烷（即氯仿）、四氯化碳等。

溴在大自然中并不多，在地壳中的含量只有十万分之一左右，而且没有形成集中的矿层。海水中大约含有十万分之六的溴，含量并不高，自然，人们并不是从海水中直接提取，而是在晒盐场的盐卤或者制碱工业的废液中提取：往里通进氯气，用氯气把溴化物氧化，产生游离态的溴，再加入苯胺，使溴成三溴苯胺沉淀出来。

溴很易挥发。溴的蒸气是红棕色的，毒性很大，气味非常刺鼻，并且能刺激眼黏膜，使人不住地流泪。在军事上，溴便被装在催泪弹里，用作催泪剂。在保存溴时，为了防止溴的挥发，通常在盛溴的容器中加进一些硫酸。溴的密度很大，硫酸就像油浮在水面上一样地浮在溴的上面。

人工放射打开了潘多拉魔盒

☆ 名称：锝、钷、砹、镎、钚、镅等

☆ 元素符号：Tc、Pm、At、Np、Pu、Am等

人工放射性的发现，为人类开辟了一个新领域，开阔了放射性同位素的应用。从此，科学家不必再只依靠自然界的天然放射性物质来研究问题，这也大大推动了核物理学的研究速度。

小居里夫妇的发现

1934年11月15日，法国科学院召开会议，一位名叫约里奥·居里的年轻科学家在会议上提出科学报告，宣布他和他的夫人伊雷娜·居里一起得到的重要发现。

约里奥·居里是法国科学界的"驸马"，因为他是法国科学泰斗居里夫人的女婿。

约里奥·居里在结婚后不久就改姓了岳父岳母的姓——居里，因为人们认为他娶伊雷娜·居里是别有目的，是醉翁之意不在酒。甚至居里夫人也曾专门因为这件事安慰过他。

约里奥·居里也无愧于居里夫人女婿这个光荣称号，他进行了多年的潜心研究，在发现中子的过程中发挥了非常重要的作用，之后在1934年，约里奥·居里发现了人工放射性元素。以前人们只知道有铀、钍、镭、钋等天然存在的放射性元素，这些元素都是位于元素周期表末尾的重核元素。现在，小居里夫妇发现了列在周期表前面的轻核元素也可以有放射性的同位素。它们在自然界并不存在，而是人工制造的，是人工放射性元素。

1934年11月15日，在法国科学院的会议上的科学报告，受到了大家热烈的鼓掌。

1935年底，小居里夫妇由于发现了人工放射性元素而得到了诺贝尔化学奖。约里奥·居里在领取奖金的演说中预言："我们看清楚了，那些能够创造和破坏元素的科学家也能够实现爆炸性的核反应……如果在物质中能够实现核反应的话，那就可以释放出大量有用的能量。"

人工放射性元素的意义

自从1934年约里奥·居里夫妇有了这个重大发现以后，物理学家们研究和发展了他们的方法。越来越多的、更大的粒子加速器问世了，从此，科学家们几乎能制取到每一种元素的放射性同位素。目前，所知的两千种以上的放射性同位素中，绝大多数都是人工制造的。

现在，放射性同位素不但广泛地运用于工业、农业、商业和国防工业等各个领域，而且对于推动某些学科的研究也产生了重大的影响，特别是对化学、生物学和医学更起了巨大的推动作用。这就使原子（核）能的和平利用变成了现实，极大地造福于人类。同时，人造放射性核素的发现也为第一颗原子弹的制造提供了重要的启示。人类历史上第一颗原子弹的制造原理是费米提出的。然而，费米制造原子弹的程序完全是按照约里奥·居里夫妇的人造放射性元素的理论和实践来编排的。约里奥·居里夫妇作为发现人造放射性同位素的先驱，其贡献将永远载入人类文明的史册。

↓中国第一枚原子弹与第一枚氢弹

知名的致命杀手
——砒霜

☆ 名称：砷

☆ 元素符号：As

☆ 性质：有黄、灰、黑褐三种同素异形体。其中灰色晶体具有金属性，脆而硬，具有金属般的光泽，并善于传热导电，易被捣成粉末

砒霜的大名一直流传于宫廷贵族之间，一直是杀人灭口、谋财害命的必备武器，在毒药界的"威望"一直是最高的。

光绪原来是被毒死的

100多年来，有关光绪皇帝的死因众说纷纭，有人说他是病死的，有人说他是被毒死的，即便认为他是被毒死的，也有几个不同的版本，有慈禧版的，有李莲英版的，有袁世凯版的，多年来一直没有一个权威的说法。

二十世纪初，考古人员对光绪皇帝的遗体进行了科学检测。他们先后提取了光绪分别长26厘米、65厘米的两小缕头发，清洗后晾干，剪成1厘米长的截段，逐一编号、称重和封装，然后用核分析方法逐段检测光绪头发中的元素含量。

结果显示，光绪头发中含有高浓度的元素砷，且各截段含量差异很大，而与光绪同时代并埋在一起的隆裕皇后含量则很少。

最后得出结论：光绪头发上的高含量砷不是自然代谢产生，而是来自于外部沾染；大量的砷化合物曾存留于光绪尸体的胃腹部，尸体腐败过程中进行了再分布，侵蚀了遗骨、头发和衣物，而砷化合物也就是剧毒的砒霜。

人体需要砷

现在，砷的使用已经得到了严格的控制，但是在治疗一些寄生性的疾病时，仍然少不了砷的帮助。

除了医学领域，砷还是半导体装置中不可或缺的一个元素，这时砷多存在于镓砷化合物中。

在最近几年的时间里，随着中医理论得到了越来越广泛的共识，中医药中使用砒霜治疗一些肿瘤疾病，特别是急性脊髓白血病的实践也得到了证实。这种血液疾病的患者，由于体内遗传因子突变而产生畸形蛋白质，白细胞球的正常产生与死亡就会受到干扰。经美国食品和药物管理局证实，砷的三氧化合物能够使得畸形蛋白质产生自我消灭的能力，从而使白细胞的生长恢复正常。韦克斯曼说："可以说，这种药物可能是可预见的治疗此类白血病的最佳药物形式。"一些医生还认为，砷的三氧化合物对病人的副作用小于常规的化学疗法。砷的三氧化合物已经越来越多地被用于治疗诸如淋巴癌、前列腺癌或子宫癌的临床实践。

最近的研究还显示，少量的砷也是人体不可缺少的营养成分。它能促进蛋氨酸的新陈代谢，从而防止头发、皮肤和指甲的生长紊乱。美国官方开办的大福克斯人体营养学研究中心药剂研究师埃里克·乌图斯认为，少

量的砷对人体无害，甚至有益。

知识链接

关于砷的发现，西方化学史学家都认为是在1250年，德国的马格耐斯在用雄黄与肥皂共热时得到砷。

近年来，我国学者通过研究发现，实际上，我国古代炼丹家才是砷的最早发现者。据史书记载，约在317年，我国的炼丹家葛洪用雄黄、松脂、硝石三种物质炼制得到砷。

↓死于砒霜中毒的光绪

"抗癌之王"
——硒

☆ 名称：硒

☆ 元素符号：Se

☆ 性质：红色和黑色，无定形玻璃状

硒是一种非金属元素，可以用作光敏材料、电解锰行业催化剂，是动物体必需的营养元素和植物有益的营养元素。

人体不可或缺的元素

1817年，瑞典的化学家永斯·雅各布·贝采利乌斯从硫酸厂的铅室底部的黏物质中制得硒。

起初，硒并未得到人们的重视，但是随着科技的日益发展，人们对硒的认识越来越深入，也越来越清醒地认识到这种元素对人类的不可或缺性。

硒是抗癌之王

科学界研究发现，血硒水平的高低与癌的发生息息相关。大量的调查资料说明，一个地区食物和土壤中硒含量的高低与癌症的发病率有直接关系。目前癌症治疗中使用硒辅助治疗十分普遍。

硒是迄今为止发现的最重要的抗衰老元素。

广西巴马县是世界著名四大长寿地区之一。中国科学院专家对巴马的研究表明：巴马土壤、谷物中的硒含量高于全国平均水平10倍以上，百岁老人血液中的硒含量高出正常人的3—6倍。

硒是明亮使者

生物学家们经过长期的研究发现：硒对于视觉器官的功能维持起到了重要的作用。硒能催化并消除对眼睛有害的自由基物质，从而保护眼睛的细胞膜。

硒是心脏守护神

硒是维持心脏正常功能的重要元素，对心脏肌体有保护和修复的作用。人体血硒水平的降低，会导致体内清除自由基的功能减退，造成有害物质沉积增多，血压升高、血管壁变厚、血管弹性降低、血流速度变慢，送氧功能下降，从而使心脑血管疾病的发病率升高。科学补硒，对预防心脑血管疾病、高血压、动脉硬化等都有较好的作用。

硒是万能良药

硒是肝病的天敌。位于长江三角洲的江苏启东地区是鱼米之乡，经济发达，但是长期以来，这里的人们肝癌、肝炎发病率极高。专家们经16年研究终于找出原因，原来这里的水、土壤、粮食中缺少元素"硒"。硒可以使肝炎病人的病情好转，使肝炎病人发生癌症的比例大大降低。硒能恢复胰岛功能。糖尿病对人类危害极大，但是硒是糖尿病的克星。硒可以促进糖分代谢、降低血糖和尿糖。人们把硒称作微量元素中的"胰岛素"。

硒还可以解毒排毒。硒与金属的结合力很强，能抵抗镉对肾、生殖腺和中枢神经的毒害。硒与体内的汞、锡、铊、铅等重金属结合，形成金属硒蛋白复合而解毒、排毒。因此经常接触有毒有害工作的人群，尤其需要注意补硒。

硒是皮肤疾病的福音。

银屑病患者血清中硒水平较正常人显著降低。发病时间超过3年的患者，疾病严重的患者，其体内血清硒的水平就越低。白癜风患者过氧化氢酶活性较低，使得表皮过氧化氢聚集，因此，推测氧化应激可能是导致黑色素细胞死亡、发病的原因之一。但是，硒都可以将它们制服。

硒除了对银屑病、白癜风有辅助治疗作用外，还可应用于皮肤老化及免疫相关性皮肤疾病和病毒性皮肤疾病的治疗。硒在皮肤科的应用有广阔前景。

↓绿茶富含硒元素

人体必需的元素
——碘

☆ 名称：碘

☆ 元素符号：I

☆ 性质：紫黑色晶体，具有金属光泽，性脆，易升华。有毒性和腐蚀性

　　碘主要用于制药物、染料、碘酒、试纸和碘化合物等。碘酒就是用碘、碘化钾和乙醇制成的一种药物，是棕红色的透明液体，有碘和乙醇的特殊气味。

碘的发现

　　法国化学家库特瓦（1777—1838）出生于法国的第戎，他的家与有名的第戎学院隔街相望。他的父亲是硝石工厂的厂主，并在第戎学院任教，还常常作一些精彩的化学讲演。库特瓦一边在硝石工厂做工，一边在第戎学院学习。他很喜欢化学，后来又进入综合工业学院深造。毕业后，他当过药剂师和化学家的助手，后来又回到第戎继续经营硝石工厂。

　　在法国、爱尔兰和苏格兰的沿海岸，库特瓦经常到那些地方采集黑角菜、昆布和其他藻类植物。回家后，他把它们缓缓燃烧成灰，然后加水浸渍、过滤、澄清，得到一种植物的浸取溶液，接着加热蒸发，把碳还原而生成了硫化物。制得这种晶体之后，库特瓦利用这种新物质作进一步研究。他发现这种新物质不易跟氧或碳发生反应，但能与氢和磷结合，也能与锌直接结合。尤为奇特的是，这种物质不能为高温分解。库特瓦根据这一事实推想，它可能是一种新的元素。

　　由于库特瓦的主要精力放在经营哨石工业上，所以他请法国化学家德索尔姆和克莱芒继续这一研究。

1813年，德索尔姆和克莱芒在《库特瓦先生从一种碱金属盐中发现新物质》的报告中写道："从海藻灰所得的溶液中含有一种特别奇异的东西，它很容易提取，方法是将硫酸倾入溶液中，放进曲颈甑内加热，并用导管将曲颈甑的口与球形器连接。溶液中析出一种黑色有光泽的粉末，加热后，紫色蒸气冉冉上升，蒸气凝结在导管和球形器内，结成片状晶体。"克莱芒相信这种晶体是一种与氯类似的新元素，再经戴维和盖·吕萨克等化学家的研究，提出了碘具有元素性质的论证。1814年，这一元素被定名为碘，取希腊文紫色的意义。

碘的用途与分布

碘主要用于制药物、染料、碘酒、试纸和碘化合物等。碘酒就是用碘、碘化钾和乙醇制成的一种药物，是棕红色的透明液体，有碘和乙醇的特殊气味。

缺乏碘会导致甲状腺肿大。过量的碘也会导致甲状腺肿大。

碘在自然界中的储量是不大的，但是很多东西都含有碘，不论坚硬的土块还是岩石，甚至最纯净的透明的水晶，都含有相当多的碘

原子。海水里含大量的碘，土壤和流水里含的也不少，动植物和人体里含的更多。

自然界中的海藻含碘，智利硝石和石油产区的矿井水中含碘也都较高。工业生产也正是通过向海藻灰或智利硝石的母液加亚硫酸氢钠经还原而生产单质碘。

↓碘盐

地壳中含量最少的元素
——砹

☆ 名称：砹

☆ 元素符号：At

☆ 性质：卤族元素，有挥发性，呈红棕色

砹，原子序数85，是一种人工放射性元素，化学符号源于希腊文"astator"，原意是"改变"。现在，科学家已发现质量数196—219的全部砹同位素，其中只有砹215、216、218、219是天然放射性同位素，其余都是通过人工核反应合成的。

曲折的发现过程

砹是门捷列夫曾经指出的类碘，是莫斯莱所确定的原子序数为85的元素。它的发现经历了曲折的道路。

刚开始，化学家们根据门捷列夫的推断——类碘是一个卤素，是成盐的元素，就尝试从各种盐类里去寻找它们，但是一无所获。

1925年7月，英国化学家费里恩德特地选择在炎热的夏天去死海，寻找它们。但是，经过辛劳的化学分析和光谱分析后，却丝毫没有发现这个元素。

后来又有不少化学家尝试利用光谱技术以及利用原子量作为突破口去找这个元素，但都没有成功。

1931年，美国亚拉巴马州工艺学院物理学教授阿立生宣布，在王水和独居石作用的萃取液中，发现了85号元素。

1940年，意大利化学家西格雷也发现了第85号元素，它被命名为"砹（At）"。西格雷后来迁居到了美国，和美国科学家科里森、麦肯齐在加利福尼亚大学用"原子大炮"——回旋加速器加速氦原子核，轰击金属铋209，由此制得了第85号元素——"亚碘"，也就是砹。

极度不稳定的元素

砹的性质同碘很相似，并有类似金属的性质。砹很不稳定，它出世仅8.3小时，便有一半砹的原子核已经分裂变成了别的元素。

后来，人们在铀矿中也发现了砹。这说明在大自然中存在着天然的砹。不过它的数量极少，是地壳中含量最少的元素。据计算，整个地表中，砹只有0.28克！

知识链接

砹有33个已知的同位素，它们的质量范围是196—219，且都具有放射性，还存在着23个稳激发态。寿命最长的同位素是210-At，它的半衰期为8.1—8.3小时；已知寿命最短的同位素是213-At，它的半衰期仅为125纳秒。

砹是镭、锕、钍这些元素自动分裂过程中的产物。砹本身也是元素。砹在大自然中又少又不稳定，寿命很短，这就使它们很难积聚，即使积聚到一克的纯元素都是不可能的，这样就很难看到它的"庐山真面目"。尽管数量这样少，可是科学家还是制得了20种砹的同位素。

↓元素周期表

图说经典百科

第二章

看不见却离不开的气体

　　你看不见它，但是你每时每刻都离不开它。它是地球上一切生命得以生存的前提，动物呼吸、植物光合作用都离不开它；它还是地球的外衣，可以使地球上的温度保持相对稳定；它也是地球上生命的保护者，可以吸收来自太阳的紫外线，保护地球上的生物免受伤害；它可以阻止来自太空的高能粒子过多地进入地球，阻止陨石撞击地球……

是谁发现空气成分的

- ☆ 名称：空气
- ☆ 成分：氮气、氧气、稀有气体、水蒸气、二氧化碳等
- ☆ 发现者：拉瓦锡

空气是构成地球周围大气层的气体，无色，无味。它的主要成分是氮气和氧气，还有极少量的氦、氖、氩、氪、氙等稀有气体和水蒸气、二氧化碳、甲烷、笑气、臭氧、氢气和尘埃等。

拉瓦锡重新认识了空气

在远古时代，人们对空气的认识非常简单，空气也曾被人们认为是单一的物质。在公元1669年，梅猷曾根据蜡烛燃烧的实验，得出空气的组成是复杂的结论。德国史达尔约在公元1700年提出了一个普遍的化学理论，就是"燃素学说"。

这种学说并不止确，不能解释自然界变化中的一些现象，存在着严重的矛盾。公元1774年，法国的化学家拉瓦锡提出燃烧的氧化学说，否定了燃素学说。拉瓦锡在进行铅、汞等金属的燃烧实验过程中，发现有一部分金属变为有色的粉末，空气在钟罩内体积减小了原体积的1/5，剩余的空气不能支持燃烧，动物在其中会窒息。他把剩下的4/5气体叫作氮气（原意是不支持生命），在他证明了普利斯特里和舍勒从氧化汞分解制备出来的气体是氧气以后，空气的主要组成才确定为氮和氧。

空气的成分是恒定的吗

空气的成分以氮气、氧气为主，是长期以来自然界里各种变化所造成的。在原始的绿色植物出现以前，原始大气是以一氧化碳、二氧化碳、甲烷和氨为主的。在绿色植物出现以后，植物在光合作用中放出氧气，使原始大气里的一氧化碳氧化成为二氧化碳，甲烷氧化成为水蒸气和二氧化碳，氨氧化成为水蒸气和氮气。以后，由于植物的光合作用持续地进行，空气里的二氧化碳在植物发生光合作用的过程中被吸收了大部分，并使空气里的氧气越来越多，终于形成了以氮气和氧气为主的现代空气。

空气是混合物，它的成分是很复杂的。

空气的恒定成分是氮气、氧气以及稀有气体，这些成分之所以几乎不变，主要是自然界各种变化相互补偿的结果。比如人吸进去氧气，呼出二氧化碳；植物吸收二氧化碳，排出氧气。空气的可变成分是二氧化碳和水蒸气。二氧化碳和水蒸气的多寡是根据地区的不同而变化的。例如，在工厂区附近的空气里就会因生产项目的不同，而分别含有氨气、酸蒸气等。另外，空气里还含有极微量的氢、臭氧、氮的氧化物、甲烷等气体。灰尘是空气里或多或少的悬浮杂质。总的来说，空气的成分一般是比较固定的。

↓天空

普利斯特里不认识氧气

☆ 名称：氧

☆ 性质：氧气通常条件下是呈无色、无臭和无味的气体

☆ 元素符号：O

　　普利斯特里是英国著名化学家，1733年3月13日出生，1804年2月6日去世，由于他在气体化学方面做出的伟大贡献，被尊称为气体化学之父。

发现氧而不认识氧

　　1774年，普利斯特里把汞烟灰（氧化汞）放在玻璃皿中用聚光镜加热，发现它很快就分解出气体来。

　　他原以为放出的是空气，于是利用集气法收集产生的气体，并进行研究，发现该气体使蜡烛燃烧更旺，呼吸它感到十分轻松舒畅。他制得了氧气，还用实验证明了氧气有助燃和助呼吸的性质。

　　但由于他是个顽固的燃素说信徒，仍认为空气是单一的气体，所以他还把这种气体叫"脱燃素空气"，其性质与前面发现的"被燃素饱和的空气"（氮气）差别只在于燃素的含量不同，因而助燃能力不同。

　　普利斯特里还作了这样一段实验记录："我把老鼠放在'脱燃素空气'里，发现它们过得非常舒服后，又亲自加以实验，我想读者是不会觉得惊异的。我自己实验时，是用玻璃吸管从放满这种气体的大瓶里吸取的。当时我的肺部所得的感觉，和平时吸入普通空气一样；但自从吸过这种气体以后经过很多时候，身心一直觉得十分轻快适畅。有谁能说这种气体将来不会变成通用品呢？不过现在只有两只老鼠和我，才有享受呼吸这种气体的权利罢了。"其实他所发现的就是重要的化学元素——氧。

　　遗憾的是，由于他深信燃素学

说，因而认为这种气体不会燃烧，只是有特别强的吸收燃素的能力，能够助燃。因此，他把这种气体称为"脱燃素空气"，把氮气称为"被燃素饱和的空气"。

为什么称普利斯特里为"气体化学之父"

普利斯特里在英国利兹时，一方面担任牧师，一方面开始从事化学的研究工作。他对气体的研究是颇有成效的。他利用制得的氢气研究该气体对各种金属氧化物的作用。同年，普利斯特里还将木炭置于密闭的容器中燃烧，发现能使五分之一的空气变成碳酸气，用石灰水吸收后，剩下的气体不助燃也不助呼吸。由于他虔信燃素说，因此把这种剩下来的气体叫"被燃素饱和的空气"。显然他用木炭燃烧和碱液吸收的方法除去空气中的氧和碳酸气，制得了氮气。此外，他发现了氧化氮（NO），并用于对空气的分析上。还发现或研究了氯化氢、氨气、亚硫酸气体（二氧化硫）、氧化二氮、氧气等多种气体。1766年，他的《几种气体的实验和观察》三卷书出版。这几卷书详细叙述各种气体的制备或性质。由于他对气体研究的卓著成就，所以他被称为"气体化学之父"。

知识链接

1791年，普利斯特里由于同情法国大革命，作了好几次为大革命宣传的讲演，因而受到一些人的迫害，家被抄，图书及实验设备都被付之一炬。他只身逃出，躲避在伦敦，但伦敦也难于久居。1794年他61岁时不得不移居美国。在美国继续从事科学研究。1804年病故。英、美两国人民都十分尊敬他，在英国有他的全身塑像。在美国，他住过的房子已建成纪念馆，以他的名字命名的普利斯特里奖章已成为美国化学界的最高荣誉。

↓生命离不开氧

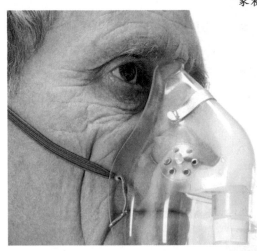

氮气和氨肥的故事

☆ 名称：氮

☆ 元素符号：N

☆ 性质：单质氮气是无色、无味的气体

氮在常况下是一种无色、无味、无臭的气体，且通常无毒。氮气占大气总量的78.12%（体积分数）；在标准情况下，气体密度是1.25g/L；氮气在水中溶解度很小，在常温常压下，1体积水中大约只溶解0.02体积的氮气。氮气是难液化的气体。氮气在极低温下会液化成无色液体，进一步降低温度时，更会形成白色晶状固体。

氮气的作用

氮主要用于合成氨，还是合成纤维（锦纶、腈纶）、合成树脂、合成橡胶等的重要原料。

由于氮的化学惰性，常用作保护气体，以防止某些物体暴露于空气时被氧所氧化。用氮气填充粮仓，可使粮食不霉烂、不发芽，长期保存。液氨还可用作深度冷冻剂。作为冷冻剂在医院做除斑、除包、除痘等的手术时常常也使用，并将病体冻掉，但是容易出现疤痕，并不建议使用。

氮是一种营养元素，还可以用来制作化肥。例如：碳酸氢铵

↓大化肥厂

NH_4HCO_3、氯化铵NH_4Cl、硝酸铵NH_4NO_3等。

氮气在汽车上的作用

氮气几乎为惰性的双原子气体，化学性质极不活泼，气体分子比氧分子大，不易热胀冷缩，变形幅度小，其渗透轮胎胎壁的速度比空气慢约30%—40%，能保持稳定胎压，提高轮胎行驶的稳定性，保证驾驶的舒适性；氮气的音频传导性低，相当于普通空气的1/5，使用氮气能有效减少轮胎的噪音，提高行驶的宁静度。

可以防止爆胎和缺气碾行。爆胎是公路交通事故中的重要杀手。据统计，在高速公路上有46%的交通事故是由于轮胎发生故障引起的，其中爆胎一项就占轮胎事故总量的70%。汽车行驶时，轮胎温度会因与地面摩擦而升高，尤其在高速行驶及紧急刹车时，胎内气体温度会急速上升，胎压骤增，所以会有爆胎的可能。而高温导致轮胎橡胶老化，疲劳强度下降，胎面磨损剧烈，又是可能爆胎的重要因素。而与一般高压空气相比，高纯度氮气因为无氧且几乎不含水分不含油，其热膨胀系数低，热传导性低，升温慢，降低了轮胎聚热的速度，不可燃也不助燃等特性，所以可大大地减少爆胎的概率。

可以延长轮胎使用寿命。使用氮气后，胎压稳定体积变化小，大大降低了轮胎不规则摩擦的可能性，如冠磨、胎肩磨、偏磨，提高了轮胎的使用寿命；橡胶的老化是受空气中的氧分子氧化所致，老化后其强度及弹性下降，且会有龟裂现象，这是造成轮胎使用寿命缩短的原因之一。氮气分离装置能极大限度地排除空气中的氧气、硫、油、水和其他杂质，有效降低轮胎内衬层的氧化程度和橡胶被腐蚀的现象，不会腐蚀金属轮辋，延长了轮胎的使用寿命，也极大程度地减少轮辋生锈的状况。

可以减少油耗，保护环境。轮胎胎压的不足与受热后滚动阻力的增加，会造成汽车行驶时的油耗增加；而氮气除了可以维持稳定的胎压，延缓胎压降低之外，其干燥且不含油、不含水，热传导性低，升温慢的特性，减低了轮胎行走时温度的升高，轮胎变形小，使抓地力得到提高等，降低了滚动阻力，从而达到减少油耗的目的。

腼腆的巨匠发现了氢气

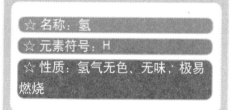

☆ 名称：氢

☆ 元素符号：H

☆ 性质：氢气无色、无味；极易燃烧

亨利·卡文迪许，1731年10月10日生于法国尼斯，1810年3月10日去世。1784年左右，卡文迪许研究了空气的组成，发现普通空气中氮占4/5，氧占1/5。他确定了水的成分，肯定了它不是元素而是化合物。他还发现了硝酸。

极度腼腆的科学巨匠

卡文迪许是那个年代最有才华而又极为腼腆的英国科学家。几位作家为他写过传记。用其中一位的话来说，他特别腼腆，"几乎到了病态的程度"。他跟任何人接触都会感到局促不安，连他的管家都要以书信的方式跟他交流。

有一回，他打开房门，只见前门台阶上立着一位刚从维也纳来的奥地利仰慕者。那奥地利人非常激动，对他赞不绝口。一时之间，卡文迪许听着赞扬声，仿佛挨了一记闷棍；接着，他再也无法忍受，顺着小路飞奔而去，出了大门，连前门也顾不得关上。几个小时以后，他才被劝说回家。

有时候，他也大胆涉足社交界——尤其热心于每周一次的由伟大的博物学家约瑟夫·班克斯举办的科学界聚会——但班克斯总是对别的客人讲清楚，大家绝不能靠近卡文迪许，甚至不能看他一眼。那些想要听取他的意见的人被建议晃悠到他的附近，仿佛不是有意的，然后"只当那里没有人那样说话"。如果他们的话算得上是谈论科学，他们也许会得到一个含糊的答案，但更经常的情形是听到一声怒气冲冲的尖叫（他好像一直是尖声尖气的），转过身来发现真的没有人，瞬间卡文迪许飞也似的逃向一个比较安静的角落。

制取了氢气

卡文迪许于1781年采用铁与稀硫酸反应而首先制得"可燃空气"（即氢气）。他使用了排水集气法并对产生的气体进行了多步干燥和纯化处理。随后他测定了它的密度，研究了它的性质。他使用燃素说来解释，认为在酸和铁的反应中，酸中的燃素被释放出来，形成了纯的燃素——"可燃空气"。

卡尔迪许得知普利斯特里发现在空气中存在"脱燃素气体"（即氧气），就将空气和氢气混合，用电火花引发反应，得出这样的结果："在不断的实验之后，我发现可燃空气可以消耗掉大约1/5的空气，在反应容器上有水滴出现。"随后卡文迪许继续研究氢气和氧气反应时的体积比，得出了2.02:1的结论。

对于氢气在氧气中燃烧可以生成水这一点的发现权，当时曾引起了争论。因为普利斯特里、瓦特、卡文迪许都做过类似的实验。1785年瓦特被选为皇家学会会员，争论以当事人的和解而告终。

人们为纪念这位大科学家，特意为他树立了纪念碑。后来，他的后代亲属德文郡八世公爵S.C.卡文迪许将自己的一笔财产捐赠给剑桥大学，并于1871年建成实验室，它最初是以亨利·卡文迪许命名的物理系教学实验室，后来实验室扩大为包括整个物理系在内的科研与教育中心，并以整个卡文迪许家族命名。该中心注重独立的、系统的、集团性的开拓性实验和理论探索，其中关键性设备都提倡自制。这个实验室曾经对物理科学的进步作出了巨大的贡献。近百年来卡文迪许实验室培养出的诺贝尔奖获得者已达26人。麦克斯韦、瑞利、J.J.汤姆逊、卢瑟福等先后主持过该实验室。

↓氢气是早期的"飞机燃料"

霓虹灯为什么五颜六色

> ☆ 名称：稀有气体
> ☆ 性质：化学性质很不活泼，无色、无臭、无味、微溶于水

稀有气体的单质在常温下为气体，且除氩气外，其余几种在大气中含量很少（尤其是氙），故得名"稀有气体"。

为什么叫做稀有气体

历史上稀有气体曾被称为"惰性气体"，这是因为它们的原子最外层电子构型除氦为1s外，其余均为8电子构型ns^2np^6，而这两种构型均为稳定的结构。因此，稀有气体的化学性质很不活泼，所以过去人们曾认为它们与其他元素之间不会发生化学反应，称之为"惰性气体"。然而正是这种绝对的概念束缚了人们的思想，阻碍了对稀有气体化合物的研究。

1962年，一个在加拿大工作的26岁的英国青年化学家合成了第一个稀有气体化合物Xe(氙)，引起了化学界的很大兴趣和重视。许多化学家竞相开展这方面的工作，先后陆续合成了多种"稀有气体化合物"，促进了稀有气体化学的发展。而"惰性气体"这一名称也不再符合事实，故改称稀有气体。

稀有气体的发现

六种稀有气体元素是在1894年—1900年间陆续被发现的。发现稀有气体的主要功绩应归于英国化学家莱姆赛（Ramsay W，1852—1916）。二百多年前，人们普遍认为，空气里除了少量的水蒸气、二氧化碳外，其余的就是氧气和氮气。

1785年，英国科学家卡文迪许在实验中发现，把不含水蒸气、二氧化碳的空气除去氧气和氮气后，仍有很少量的残余气体存在。这种现象在当时并没有引起化学家的重视。

一百多年后，英国物理学家雷利测定氮气的密度时，发现从空气里分离出来的氮气每升质量是1.2572克，而从含氮物质制得的氮气每升质量是1.2505克。经过多次测定，两者质量相差仍然是几毫克。可贵的是雷利没有忽视这种微小的差异，他怀疑从空气分离出来的氮气里含有没被发现的较重的气体。于是，他查阅了卡文迪许过去写的资料，并重新做了实验。1894年，他在除掉空气里的氧气和氮气以后，得到了很少量的极不活泼的气体。与此同时，雷利的朋友、英国化学家莱姆赛用其他方法从空气里也得到了这样的气体。经过分析，他们判断该气体是一种新物质。由于这气体极不活泼，所以命名为氩（拉丁文原意是"懒惰"）。以后几年里，莱姆赛等人又陆续从空气里发现了氦气、氖气（名称原意是"新的"意思）、氪气（名称原意是"隐藏"意思）和氙气（名称原意是"奇异"意思）。

↓五彩霓虹灯

太阳元素
——氦来到凡间

☆ 名称：氦

☆ 元素符号：He

☆ 性质：通常情况下为无色、无味的气体

氦为稀有气体的一种。元素名来源于希腊文，原意是"太阳"。氦在通常情况下为无色、无味的气体，是唯一不能在标准大气压下固化的物质。氦是最不活泼的元素，基本上不形成什么化合物。氦的应用主要是作为保护气体、气冷式核反应堆的工作流体和超低温冷冻剂。

发现了宇宙中的氦

1868年8月18日，法国天文学家让桑赴印度观察日全食，利用分光镜观察日全食，从黑色月盘背面散射出的红色火焰，看见有彩色的彩条，是太阳喷射出来的炽热和其他光谱。他发现一条黄色谱线。1868年10月20日，英国天文学家洛克耶也发现了这样的一条黄线。

经过进一步研究，认识到这是一条不属于任何已知元素的新线，因此一种新的元素产生了，这个新元素被命名为 helium，来自希腊文helios（太阳），元素符号定为He。这是第一个在地球以外，在宇宙中发现的元素。为了纪念这件事，当时曾铸造一块金质纪念牌，一面雕刻着驾着四匹马战车的传说中的太阳神阿波罗（Apollo）像，另一面雕刻着让桑和洛克耶的头像，下面写着：1868年8月18日太阳突出物分析。

过了二十多年后，莱姆赛在研究钇铀矿时发现了一种神秘的气体。由于他研究了这种气体的光谱，发现可能是让桑和洛克耶发现的那条黄线D_3线。但由于他没有仪器测定谱线在光谱中的位置，他只有求助于当时最优秀的光谱学家之一的伦敦物理学家克鲁克斯。克鲁克斯证明了，这种气体就是氦。这样氦在地球上也被发现了。

制取液态氦

1908年7月13日晚，荷兰物理学家卡美林·奥涅斯和他的助手们在著名的莱顿实验室取得成功，氦气变成了液体。他第一次得到了320立方厘米的液态氦。

要得到液态氦，必须先把氦气压缩并且冷却到液态空气的温度，然后让它膨胀，使温度进一步下降，氦气就变成了液体。

液态氦是透明的容易流动的液体，就像打开了瓶塞的汽水一样，不断飞溅着小气泡。

液态氦是一种与众不同的液体，它在－269℃就沸腾了。在这样低的温度下，氢也变成了固体，千万不要使液态氦和空气接触，因为空气会立刻在液态氦的表面上冻结成一层坚硬的盖子。

许多年来，全世界只有荷兰卡美林·奥涅斯的实验室能制造液态氦。直到1934年，在英国卢瑟福那里学习的苏联科学家卡比查发明了新型的液氦机，每小时可以制造4升液态氦。以后，液态氦才在各国的实验室中得到广泛的研究和应用。

在今天，液态氦在现代技术上得到了重要的应用。例如要接收宇宙飞船发来的传真照片或接收卫星转播的电视信号，就必须用液态氦。接收天线末端的参量放大器要保持在液氦的低温下，否则就不能收到图像。

↓氦气球

不稀有的稀有气体

——氩

☆ 名称：氩

☆ 元素符号：Ar

☆ 种类：非金属元素

☆ 性质：无色、无臭和无味的气体

氩是一种单质、无色、无臭、无味的稀有气体，是最早发现的稀有气体。氩气在自然界中含量很多，但化学性极不活泼，因此它既不能燃烧，也不能助燃，但却是稀有气体中在空气中含量最多的一个。氩气被广泛应用到冶金工业。

氩的发现过程

氩曾经在1785年由亨利·卡文迪许制备出来，但卡文迪许却没发现这是一种新的元素；直到1894年，雷利和莱姆赛才通过实验确定氩是一种新元素。他们主要是先从空气样本中去除氧、二氧化碳、水汽等得到的氮气与从氨分解出的氮气比较，结果发现从氨里分解出的氮气比从空气中得到的氮气轻1.5%。虽然这个差异很小，但是已经大到误差的范围之外。所以他们认为空气中应该含以一种不为人知的新气体，而那个新气体就是氩气。

另外1882年H.F.纽厄尔和W.N.哈特莱从两个独立的实验中观测空气的颜色光谱时，发现光谱中存在已知元素光谱无法解释的谱线，但并没有意识到那就是氩气。由于在自然界中含量很多，氩是最早发现的稀有气体，它的元素符号为Ar。

不是很稀有的稀有气体

氩在地球大气中的含量以体积计算为0.934%，而以质量计算为1.29%，至于在地壳中可说是完全不含氩，因为氩在自然情况下不与其他化合物反应，而无法形成固态物质。也因为这样，工业用的氩大多就直接从空气中提取。主要是用分馏法提取，而像氮、氧、氖、氪、氙等气体也都是这样从空气中提取的。

在火星的大气中，氩-40以体积计算的话占有1.6%，而氩-36的浓度为5ppm；另外1973年水手号计划的太空探测器飞过水星时，发现它稀薄的大气中含有70%氩气，科学家相信这些氩气是从水星岩石本身的放射性同位素衰变而成的。卡西尼—惠更斯号在土星最大的卫星，也就是泰坦上，也发现少量的氩。

扩展阅读

氩的最早用途是向电灯泡内充气。焊接和切割金属也使用大量的氩。用作电弧焊接不锈钢、镁、铝和其他合金的保护气体，即氩弧焊。

但是氩弧焊对焊工的危害很严重，氩弧焊的危害主要：

一是焊工尘肺。

焊工尘肺是由于长期吸入超过允许浓度的以氧化铁为主的二氧化硅、硅酸盐、锰、铁、铬以及臭氧、氮氧化物等混合烟尘和有毒气体，并在组织中长期作用所致的混合性尘肺。

二是锰中毒。

锰蒸气在空气中能很快氧化成灰色的氧化锰及棕红色的四氧化三锰烟尘。焊工长期吸入超过允许浓度的锰及其化合物的微粒和蒸气，则可能造成锰中毒。

三是焊工金属热。

焊工金属热是指吸入焊接金属烟尘中的氧化铜、氧化锰及氧化铁微粒和氟化物等，容易通过上呼吸道进入末梢细支气管和肺泡，再进入血液，引起焊工金属热反应。

↓氩气在焊接中很重要

图说经典百科

第三章
千姿百态的金属

金属这种散发着光芒的物质将人类的生活装点得更加美丽。这种气质刚硬的物质，使得人类能够在与尖牙利爪的争斗中胜出。它的千姿百态，它的变幻莫测，是让人类对它更加着迷的原因所在。

生性活泼的锂

☆ 名称：锂

☆ 元素符号：Li

☆ 种类：金属元素

☆ 属性：银白色、质软且密度最小的金属

锂是一种柔软的银白色的金属，首先它特别地轻，是所有金属中最轻的一种。它生性活泼，爱与其他物质"结交"。

生性活泼

锂生性活泼，喜动不喜静，喜欢与各种物质"结交"。比如，将一小块锂投入玻璃器皿中，塞上磨砂塞，里边会通过反应很快耗尽器皿内的空气，使其成为真空。于是，纵然你使上九牛二虎之力，也别想把磨砂塞拔出来。显然，对于这样一个顽皮的家伙，要保存它是

十分困难的，它不论是在水里，还是在煤油里，都会浮上来燃烧。化学家们最后只好把它强行捺入凡士林油或液状石蜡中，把它的野性禁锢起来，不许它惹是生非。

锂的发现

锂是继钾和钠后发现的又一碱金元素。发现它的是瑞典化学家贝齐里乌斯的学生阿尔费特森。1817年，他在分析透锂长石时，最终发现一种新金属，贝齐里乌斯将这一新金属命名为lithium，该词来自希腊文lithos（石头），元素符号定为Li。

锂发现的第二年，得到法国化学家伏克兰重新分析肯定。

工业化制锂是在1893年由根莎提出的，锂从被认定是一种元素到工业化制取前后历时76年。现在电解氯化锂制取锂，仍要消耗大量的电能，每炼一吨锂就耗电高达六七万度。

锂被人发现已有170多年了。在它被制取后的100多年中，它主要作为抗痛风药服务于医学界。直到20世纪初，锂才开始步入工业界，崭露头角。如锂与镁组成的合金，能像点水的蜻蜓那样浮在水上，既不会在空气中失去光泽，又不会沉入水中，成为航空、航海工业的宠儿。

知识链接

锂高能电池是一种前景广阔的动力电池。它重量轻，贮电能力大，充电速度快，适用范围广，生产成本低，工作时不会产生有害气体，不至于造成大气污染。

由锂制取氚，用来发动原子电池组，中间不需充电，可连续工作20年。

氢弹里装的不是普通的氢，而是比普通氢几乎要重一倍的重氢或重二倍的超重氢。用锂能够生产出超重氢——氚，还能制造氢化锂、氘化锂、氚化锂。

早期的氢弹都用氘和氚的混合物做"炸药"，当今的氢弹里的"爆炸物"多数是锂和氘的化合物——氘化锂。我国1967年6月17日成功地爆炸的第一颗氢弹，其中的"炸药"就是氢化锂和氘化锂。1千克氘化锂的爆炸力相当于5万吨烈性梯恩梯炸药。据估计，1千克铀的能量若都释放出来，可以使一列火车运行4万千米；1千克氘和氚的混合物通过热核反应放出的能量，相当于燃烧20000多吨优质煤，比1千克铀通过裂变产生的原子能多10倍。

↓手机电池多为锂制造

曾经的"贵族"金属
——铝

☆ 名称：铝
☆ 元素符号：Al
☆ 种类：轻金属
☆ 属性：有延展性

铝是白色的轻金属，在地壳中的含量仅次于氧和硅，居第三位。铝在航空、建筑、汽车这三大产业中有非常重要和广泛的应用。

拿破仑三世的王冠

在150多年前，狂妄自大、骄奢淫逸的法国皇帝拿破仑三世，为显示自己的富有和尊贵，命令官员给自己制造一顶铝王冠。他戴上铝王冠，神气十足地接受百官的朝拜，这成为轰动一时的新闻。拿破仑三世在举行盛大宴会时，他有一套专用的餐具，是用铝制作的，而他人只能用金制、银制餐具。

听起来似乎不可思议，铝怎么会成为制作王冠的材料？皇帝的御用餐具用铝来制作？但这是事实，那时候的铝，是一种稀有的贵重金属，被称为"银色的金子"，比黄金还珍贵。

那时候的铝之所以贵重，是由于当时落后的冶炼技术。

铝在19世纪才被发现，然而奇怪的是，铝在被发现很长时间，而且已经有了自己的名字很久之后，才被正式地提炼出来。

铝刚被提炼出来后，被当作贵重金属，被当作珠宝来对待。泰

↓铝

国当时的国王曾用过铝制的表链；1855年巴黎国际博览会上，展出了一小块铝，标签上写道："来自黏土的白银"，并将它放在最珍贵的珠宝旁边。1889年，俄国沙皇赐给门捷列夫铝制奖杯，以表彰其编制化学元素周期表的贡献。

1886年，美国的豪尔和法国的海朗特，分别独立地电解熔融的铝矾土和冰晶石的混合物制得了金属铝，奠定了今天大规模生产铝的基础。这样使得铝的价格大大下降，不再受到珠宝商的青睐，而生活生产中大规模的应用也成为可能。

铝的发现

1825年，丹麦科学家奥斯特发表文章说，他提炼出一块金属，颜色和光泽有点像锡。他是将氯气通过红热的木炭和铝土（氧化铝）的混合物，制得了氯化铝，然后让钾汞齐与氯化铝作用，得到了铝汞齐。将铝汞齐中的汞在隔绝空气的情况下蒸掉，就得到了一种金属。现在看来，他所得到的是一种不纯的金属铝。

奥斯特忙于研究自己的电磁现象，这个实验被忽视。而他的朋友德国年轻化学家维勒，在知道了这件事之后，很感兴趣，便开始重复

奥斯特的实验，但未能制出纯金属铝。于是，他改进了试验方法，终于提炼出了纯度较高的金属铝。

1827年末，维勒发表文章介绍了自己提炼铝的方法。当时，他提炼出来的铝是颗粒状的，大小没超过一个针头。但他坚持把实验进行下去，终于提炼出了一块致密的铝块，这个实验用去了他十八个年头。

● 知识链接 ●

铝具有多种优良性能，因此有着极为广泛的用途。

铝的导电性仅次于银、铜，虽然它的导电率只有铜的2/3，但密度只有铜的1/3，所以输送同量的电，铝线的质量只有铜线的一半。铝表面的氧化膜不仅有耐腐蚀的能力，而且有一定的绝缘性，所以铝在电器制造工业、电线电缆工业和无线电工业中有广泛的用途。

铝是热的良导体，有较好的延展性，不易受到腐蚀，铝在氧气中燃烧能放出大量的热和耀眼的光，常用于制造爆炸混合物，耐低温，铝在温度低时，它的强度反而增加而无脆性，因此它是理想的用于低温装置材料，如冷藏库、冷冻库、南极雪上车辆、氧化氢的生产装置。

工业维生素
——稀土金属

☆ 元素符号：钪(Sc)、钇(Y)、镧(La)

☆ 种类：钪、钇、镧系17种元素的总称

☆ 属性：化学活性很强

稀土金属从18世纪末叶开始被陆续发现。从1794年加多林分离出钇土至1947年制得钷，历时150多年。当时人们常把不溶于水的固体氧化物称为土，例如把氧化铝叫陶土。稀土一般是以氧化物状态分离出来，又很稀少，因而得名稀土。

廉价的重要战略物资

邓小平曾经说过，"中东有石油，中国有稀土"，稀土是可以与石油相提并论的重要战略物资。

2009年，美国相关报告显示：中国稀土储量为3600万吨，占世界36%；美国稀土储量为1300万吨，占世界13%；俄罗斯稀土储量为1900万吨，占世界19%。另外，巴西、澳大利亚、越南、加拿大和印度等国的拥有量也相当可观。

中国控制世界稀土市场98%的份额。但是稀土的价格在多年以来一直被以"土豆价""白菜价"卖到国外。

从中国进口稀土的主要三个国家有：日本、韩国、美国。其中，日本、韩国没有稀土资源，而美国拥有稀土资源但禁止开采。如果中国一直保持着这样的出口量，20年后，中国可能成为稀土小国或无稀土国。

2009年开始，中国加大对稀土出口的管理。

万能之土

在军事方面，稀土可以大幅度提高用于制造坦克、飞机、导弹的钢材、铝合金、镁合金、钛合金的战术性能。而且，稀土同样是电子、激光、核工业、超导等诸多高科技的润滑剂。美国在军事上的先进，也可以说成是美国在稀土开发利用上的先进。

在冶金工业方面，稀土金属加入钢中，能脱除有害杂质，并可以改善钢的加工性能；稀土硅铁合金、稀土硅镁合金作为球化剂生产稀土球墨铸铁，用于汽车、拖拉机、柴油机等机械制造业；稀土金属添加至镁、铝、铜、锌、镍等有色合金中，可以改善合金的物理化学性能，并提高合金室温及高温机械性能。

在新材料方面，稀土钴及钕、铁、硼永磁材料，具有高剩磁、高矫顽力和高磁能积，被广泛用于电子及航天工业；纯稀土氧化物和三氧化二铁化合而成的石榴石型铁氧体单晶及多晶，多用于微波与电子工业；用高纯氧化钕制作的钇铝石榴石和钕玻璃，可作为固体激光材料；稀土六硼化物可用于制作电子发射的阴极材料；近年来，世界各国采用钡钇铜氧元素改进的钡基氧化物制作的超导材料，可在液氮温区获得超导体，使超导材料的研制取得了突破性进展。

扩展阅读

1927年7月，中瑞(典)西北科学考察团在中国西北地区进行科学考察，途经内蒙古乌兰察布草原阴山北麓、包头北约150千米处时，中国地质工作者丁道衡被一座黑色山峰吸引。在好奇心的驱使下，他独自前往勘查，首次发现了白云鄂博矿铁矿，在当时，他并不知道铁矿中还含有稀土，而且是世界上储量最大的稀土矿。

直到8年之后，前中央研究院地质研究所研究员何作霖对丁道衡采回的白云鄂博矿石进行研究后，从中发现了稀土。

但是，由于战争原因和当时对稀土的研究较为落后，在相当长一段时间，相关开发利用并未启动。

20世纪60年代，中国开启稀土相关研究和实体建设。

↓开采稀土

补钙是永远不过时的话题

☆名称：钙
☆元素符号：Ca
☆种类：金属元素
☆属性：质软，化学性质活泼

钙是一种质软的银白色金属，化学性质活泼，能与水、酸反应，有氢气产生。空气在其表面会形成一层氧化物和氮化物薄膜，以防止继续受到腐蚀。加热时，几乎能还原所有的金属氧化物。

天才科学家的妙手偶得

英国化学家戴维是世界上最伟大的科学家之一，他最主要的成就是发现了最多的化学元素。

1808年5月，戴维电解石灰与氧化汞的混合物，得到钙汞合金，将合金中的汞蒸馏后，就获得了银白色的金属钙。瑞典的贝采利乌斯、法国的蓬丁，使用汞阴极电解石灰，在阴极的汞齐中提出金属钙。

钙在自然界分布广，以化合物的形态存在，如石灰石、白垩、大理石、石膏、磷灰石等；也存在于血浆和骨骼中，并参与凝血和肌肉的收缩过程。金属钙可由电解熔融的氯化钙而制得；也可用金属在真空中还原石灰，再经蒸馏而获得。

人体不可缺

钙是人体内含量最多的一种无机盐。正常人体内钙的含量为1200克—1400克，约占人体重量的1.5%—2.0%。其中99%存在于骨骼和牙齿之中，另外1%的钙大多数呈离子状态存在于软组织、细胞外液和血液中，与骨钙保持着动态平衡。机体内的钙，一方面构成骨骼和牙齿，另一方面则可参与各种生理功能和代谢过程，影响各个器官组织的活动。

钙与镁、钾、钠等离子保持一定比例，使神经、肌肉保持正常的反应；钙可以调节心脏搏动，保持心脏连续交替地收缩和舒张；钙能维持肌肉的收缩和神经冲动的传递；钙能刺激血小板，促使伤口上的血液凝结；在机体中，有许多种酶需要钙的激活，才能显示其活性。

扩展阅读

人体对钙的需要可以从食物中获得。但钙在体内的吸收过程容易受到其他因素的影响，如膳食的成分、体内钙及维生素D的状态、生理状态（包括生长、孕妊、哺乳、性别、年龄等）等。应注意避免一些干扰钙吸收的不利因素，创造有利于钙吸收的条件，以使机体得到充分的钙。从食物中补钙以乳类及乳制品为好，因其含钙量大，吸收率高，如100毫升牛奶中钙含量达100毫克。另外，水产品中的虾皮、海带含钙量也较高。干果、豆类及其制品、绿叶蔬菜中含钙也不低，都是钙的来源。膳食中一些因素会影响钙的吸收，如：植物性食物中的植酸盐、纤维素、草酸容易与钙结合成难溶性的盐，降低钙的吸收。膳食中的浮糖、维生素D及某些氨基酸则能明显增加钙的吸收。

钙的推荐每日供给量标准如下：从初生到10岁儿童为600毫克，10岁—13岁为800毫克，13岁—16岁为1200毫克，16岁—19岁为1000毫克，成年男女为600毫克，孕妇为1500毫克，乳母为2000毫克。青春期前儿童生长发育迅速，钙的需要量也相对最大，可达到成年人需要量的2倍—4倍，要特别注意补充。

43

第三章 千姿百态的金属

↓钙片

钢铁中的秘密你知道多少

☆ 名称：铁

☆ 元素符号：Fe

☆ 种类：黑色金属

☆ 属性：有良好的延展性和导电性，性活泼

铁是人类运用最广泛的金属之一，也是人类使用时间最长的金属之一。铁为柔韧而有延展性的银白色金属。铁是地球上分布最广的金属之一，约占地壳质量的5.1%，居元素分布序列中的第四位，仅次于氧、硅和铝。

钢不同于铁

铁碳合金分为钢与生铁两大类，钢是含碳量为0.03%—2%的铁碳合金。

碳钢是最常用的普通钢，冶炼方便、加工容易、价格低廉，而且在多数情况下能满足使用要求，所以应用十分普遍。按含碳量不同，碳钢又分为低碳钢、中碳钢和高碳钢。随含碳量的升高，碳钢的硬度增加、韧性下降。合金钢又叫特种钢，在碳钢的基础上加入一种或多种合金元素，使钢的组织结构和性能发生变化，从而具有一些特殊性能，如高硬度、高耐磨性、高韧性、耐腐蚀性等等。经常加入钢中的合金元素有硅、钨、锰、铬、镍、钼、钒、钛等。合金钢的资源相当丰富，除铬、钴不足，锰品位较低外，钨、钼、钒、钛和稀土金属储量都很高。21世纪初，合金钢在钢的总产量中的比例有大幅度增长。

含碳量2%—4.3%的铁碳合金称生铁。生铁硬而脆，但耐压耐磨。根据生铁中碳存在的形态不同又可分为白口铁、灰口铁和球墨铸铁。白口铁断口呈银白色，质硬而脆，不能进行机械加工，是炼钢的原料，故又称炼钢生铁。碳以片状石墨形态分布的称灰口铁，断口呈银灰色，易切削，易铸，耐磨。若碳以球状石墨分布则称球墨铸铁，其机械性能、加工性能接近于钢。在铸铁中加入特种合金元素可得特种铸铁，如加入Cr，耐磨性可大幅度提高，在特定条件下有十分重要的应用。

人类的好朋友

铁在自然界中的分布极为广泛，但人类发现和利用铁却比黄金和铜要迟。首先是由于天然的单质状态的铁在地球上非常稀少，而且它容易氧化生锈，加上它的熔点又比铜高得多，就使得它比铜难于熔炼。人类最早发现的铁是从天空落下来的陨石，陨石中含铁的百分比很高，是铁和镍、钴等金属的混合物，在融化铁矿石的方法尚未问世，人类不可能大量获得生铁的时候，铁一直被视为一种带有神秘性的最珍贵的金属。

西亚赫梯人是最早发现和掌握炼铁技术的人。我国从东周

时就有炼铁，至春秋战国时代普及，是较早掌握冶铁技术的国家之一。我国最早人工冶炼的铁是在春秋战国之交出现的。从江苏六合县春秋墓出土的铁条、铁丸，和河南洛阳战国早期灰坑出土的铁锛均能确定是迄今为止的我国最早的生铁工具。生铁冶炼技术的出现对封建社会的作用与蒸汽机对资本主义社会的作用可以媲美。

铁的发现和大规模使用，是人类发展史上的一个光辉里程碑，它把人类从石器时代、铜器时代带到了铁器时代，推动了人类文明的发展。至今铁仍然是现代工业的基础，是人类进步所必不可少的金属材料。

↓ 钢帘线

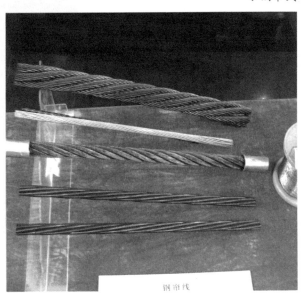

钢帘线

人体不可或缺的元素
——锌

☆ 名称：锌
☆ 元素符号：Zn
☆ 性质：浅灰色过渡金属

锌是人体生理必需的微量元素之一。人体的机体含锌2克—2.5克。人体内的锌主要存在于肌肉、骨骼、皮肤(包括头发)中。

锌是多面手

锌在人体中含量虽然不多，但是作用很关键。

一是参加人体内许多金属酶的组成。锌是人机体中200多种酶的组成部分，在按功能划分的六大酶类（氧化还原酶类、转移酶类、水解酶类、裂解酶类、异构酶类和合成酶类）中，每一类中均有含锌酶。

二是促进机体的生长发育和组织再生。锌是调节基因表达即调节DNA复制、转译和转录的DNA聚合酶的必需组成部分，因此，缺锌动物的突出症状是生长、蛋白质合成、DNA和RNA代谢等发生障碍。

三是促进食欲。动物和人缺锌时，会出现食欲缺乏的症状。锌可通过其参与构成的含锌蛋白对味觉和食欲发生作用，从而促进食欲。

四是锌缺乏会对味觉系统有不良的影响，易导致味觉迟钝。这是因为唾液蛋白对锌的依赖性比较高。

五是保护皮肤健康。动物和人都可因缺锌而影响皮肤健康，出现皮肤粗糙、干燥等现象。

此外，锌还可促进伤口的愈合，增强机体抵抗力。

应该怎么样补锌

正是因为锌对人体如此重要，所以"补锌"才会继补钙之后，成为人们关注的又一热点话题。不论是发育期的儿童、怀孕的妈妈、忙碌的白领，还是体质大不如从前的老人，似乎都在想着法子"补锌"。

但是，补锌也不是越多越好，而是要适量，儿童过量补锌不但起不到促进孩子生长的作用，反而会引起中毒，影响生长发育。

其实，只要正常饮食，就不会缺锌。

尽管缺锌能导致婴幼儿厌食、生长缓慢、成年人身体抵抗力下降、皮肤伤口愈合慢等问题，但锌作为一种微量元素，每天的需求量并不大。

据介绍，0—6个月的婴儿每天只需要1.5毫克锌，7—12个月的婴儿为8毫克，之后随年龄增长，对锌的需求量缓慢递增，到14—18岁时增至最高量19毫克。一旦过了18岁，人体对锌的需求量就会下降，每天只需要摄入11.5毫克就够了。

对于不缺锌的人来说，额外补充有可能造成体内锌过量，从而引发代谢紊乱，甚至对大脑造成损害。

服用锌过量会导致人出现呕吐、头痛、腹泻、抽搐等症状，并可能损伤大脑神经元，导致记忆力下降。

此外，体内锌含量过高，可能会抑制机体对铁和铜的吸收，并引起缺铁性贫血。尤其需要注意的是，过量的锌很难被排出体外。

↓锌矿

带来了光明的金属
——钨

☆ 名称：钨
☆ 元素符号：W
☆ 种类：金属元素
☆ 属性：银白色金属，外形似钢

钨属于有色金属，也是重要的战略金属。钨矿在古代被称为"重石"。 钨是银白色有光泽的金属，熔点极高，硬度很大。

给人类带来光明的金属

人们对钨是耳熟能详的。在现代社会里，所有人都离不开它。钨把光明送给了世界，人们从此可以在夜间从事更精细的工作，极大地提高了工作效率、生产效率。

钨是稀有高熔点金属，属于元素周期表中第六周期（第二长周期）的VIB族。钨是一种银白色金属，外形似钢。钨的熔点高，蒸

气压很低，蒸发速度也较小。钨的化学性质很稳定，常温时不跟空气和水反应，不加热时，任何浓度的盐酸、硫酸、硝酸、氢氟酸以及王水对钨都不起作用，当温度升至80℃—100℃时，除氢氟酸外，其他的酸对钨仅发生微弱作用。常温下，钨可以迅速溶解于氢氟酸和浓硝酸的混合酸中，但在碱溶液中不起作用。有空气存在的条件下，熔融碱可以把钨氧化成钨酸盐，在有氧化剂存在的情况下，生成钨酸盐的反应更猛烈。高温下能与氯、溴、碘、碳、氮、硫等化合，但不与氢化合。

钨的发现

1781年瑞典化学家卡尔·威廉·舍耶尔发现白钨矿，并从中提取出新的元素酸——钨酸，1783年西班牙人德普尔亚发现黑钨矿也从中提取出钨酸，同年，用碳还原三氧化钨第一次得到了钨粉，并命名

该元素。

　　钨在地壳中的含量为0.001%。已发现的含钨矿物有20种。钨矿床一般伴随着花岗质岩浆的活动而形成。

　　目前世界上开采出的钨矿，约50%用于优质钢的冶炼，约35%用于生产硬质钢，约10%用于制钨丝，约5%用于其他用途。

　　18世纪50年代，化学家曾发现钨对钢性质的影响。然而，钨钢开始生产和广泛应用是在19世纪末和20世纪初。

　　1900年在巴黎世界博览会上，首次展出了高速钢。因此，钨的提取工业从此得到了迅猛发展。这种钢的出现标志着金属切割加工领域的重大技术进步。钨成为最重要的合金元素。

　　1927年—1928年采用以碳化钨为主成分研制出硬质合金，这是钨在工业发展史中的一个重要阶段。这些合金各方面的性质都超过了最好的工具钢，在现代技术中得到了广泛的使用。

趣味阅读

　　现在的人们普遍认为电灯是由美国人托马斯·阿尔瓦·爱迪生发明的。但是，在当时爱迪生为了夺得这个头衔却费了不少的劲，打了好长时间的官司。

　　在爱迪生发明电灯数十年之前，另一美国人亨利·戈培尔已经使用相同原理和物料，制造了可靠的电灯泡，而且在爱迪生之前，也有很多人亦对电灯的发明作出了不少贡献。1801年，英国一名化学家戴维将铂丝通电发光。他在1810年亦发明了电烛，利用两根碳棒之间的电弧照明。1854年亨利·戈培尔使用一根炭化的竹丝，放在真空的玻璃瓶下通电发光。他的发明在今天看来是首个有实际效用的白炽灯。他当时试验的灯泡已可维持400小时，但是并没有及时申请设计专利。

　　1850年，英国人约瑟夫·威尔森·斯旺开始研究电灯。1878年，他以真空下用碳丝通电的灯泡得到英国的专利，并开始在英国建立公司，在各家庭安装电灯。

↓灯泡

人最早的金属朋友
——铜

☆ 名称：铜

☆ 元素符号：Cu

☆ 种类：过渡金属

☆ 属性：紫红色，稍硬，极坚韧，耐磨损，有很好的延展性、导电性和导热性

铜是人类最早发现并使用的金属，生活器皿、农具以及钱币，无不与铜密切相关。铜的使用对早期人类文明的进步影响深远。直到现在，铜依然是人类不可或缺的金属之一。

铜臭是什么味

铜甚至已经成为钱的代称，古代的文人看到暴发户的种种陋习，往往翻着白眼，吸着鼻子说有铜臭味。

人类用铜铸造钱币的历史已经上不可溯，应该是在贝币使用之后，用铜铸造的钱币也就诞生了。如此历代相传，一直沿袭至今。现代社会利用铜来铸造钱币，比起古人来犹有过之。

在铜币的应用中，除了变化尺寸以外，可以很方便地采用不同合金成分、改变合金色彩来制造和区分不同面值的货币。常用的有含25%镍的"银币"，含20%锌和1%锡的黄铜币以及含少量锡（3%）和锌（1.5%）的"铜"币。全世界每年生产铜币要消耗成千上万吨的铜。仅伦敦皇家造币厂一家，每年生产7亿个铜币，就需要大约七千吨铜。

青铜器皿

铜是人类最早使用的金属。早在史前时代，人们就开始采掘露天铜矿，并用获取的铜制造武器、工具和其他器皿。

随着生产的发展，只是使用天然铜制造的生产工具就不敷应用了，生产的发展促使人们找到了从铜矿中取得铜的方法。含铜的矿物比较多见，大多具有鲜艳而引人注目的颜色，例如：金黄色的黄铜矿（铜铁硫化物）、鲜绿色的孔雀石、深蓝色的石青等，把这些矿石在空气中焙烧后形成氧化铜，再用碳还原，就得到金属铜。

纯铜制成的器物太软，易弯曲。人们发现把锡掺到铜里去，可以制成铜锡合金——青铜。青铜是人类历史上一项伟大发明，也是金属冶铸史上最早的合金。青铜发明后，立刻盛行起来，从此人类历史也就进入新的阶段——青铜时代。

作为代表当时最先进的金属冶炼、铸造技术的青铜，也主要用在祭祀礼仪和战争上。夏、商、周三代所发现的青铜器，都是作为礼仪用具和武器以及围绕二者的附属用具，这一点与世界各国青铜器有区别，形成了具有中国传统特色的青铜器文化体系。

知识链接

铜被广泛地应用于电气、轻工、机械制造、建筑工业、国防工业等领域，在我国有色金属材料的消费中仅次于铝。铜在电气、电子工业中应用最广、用量最大，占总消费量一半以上。

铜用于各种电缆和导线，电机和变压器，开关以及印刷线路板在机械和运输车辆制造中，用于制造工业阀门和配件、仪表、滑动轴承、模具、热交换器和泵等。

在化学工业中广泛应用于制造真空器、蒸馏锅、酿造锅等。在国防工业中用以制造子弹、炮弹、枪炮零件等，每生产300万发子弹，需用铜13吨—14吨。在建筑工业中，用做各种管道、管道配件、装饰器件等。

铜具有独特的导电性能，是铝所不能代替的，在今天电子工业和家用电器发展的时代里，这个古老的金属又恢复了它的青春。铜导线正在被广泛地应用。从国外的产品来看，一辆普通家用轿车的电子和电动附件所须铜线长达1千米，法国高速火车铁轨每千米用10吨铜，波音747-200型飞机总重量中铜占2%。

↓青铜器

与女神同名的金属
——钒

☆ 名称：钒

☆ 元素符号：V

☆ 种类：银白色金属

☆ 属性：难熔、质坚、有延展性，无磁性

钒是一种银白色金属，在元素周期表中属于VB族，与钨、钽、钼、铌、铬和钛等被称为难熔金属，具有耐盐酸和硫酸的本领。

人所离不开的元素

钒是人的正常生长必需的矿物质，有多种价态，有生物学意义的是四价和五价态。四价态钒为氧钒基阳离子，易与蛋白质结合形成复合物，而防止被氧化。五价态钒为氧钒基阳离子，易与其他生物物质结合形成复合物，在许多生化过程中，钒酸根能与磷酸根竞争，或取代磷酸根。钒酸盐易被维生素C、谷胱甘肽或NADH还原。其在人体健康方面的作用，营养学界和医学界至今仍不是很清楚，仍处在进一步发掘的过程中，但可以确定，钒有重要作用。一般认为，它可能有助于防止胆固醇蓄积、降低过高的血糖、防止龋齿、帮助制造红细胞等。人体每天会经尿液流失部分钒。

一波三折的发现

1830年瑞典化学家塞夫斯特伦（1787—1845）在研究斯马兰矿区的铁矿时，用酸溶解铁，在残渣中发现了钒。因为钒的化合物的颜色五颜六色，十分漂亮，所以就用古希腊神话中一位叫凡娜迪丝"Vanadis"的美丽女神的名字给这种新元素起名叫"Vanadium"，中文按其译音定名为钒。塞夫斯特伦、维勒、贝采里乌斯等人都曾研究过钒，确认钒的存在，但他们始终没有分离出单质钒。在塞夫斯特伦发现钒后三十多年，1869年英国化学家罗斯科（Roscoe.H.E，1833—1915)用氢气还原二氧化钒，才第一次制得了纯净的金属钒。

知识链接

在自然界中还有许多低等动物，比如海里面的海星、海胆等，它们的血液是蓝色的。而在高等动物与低等动物之间还有一些动物的

血液是绿色的。

为什么血液会有这些不同的颜色呢?

原来，高等动物的血液中含有铁离子，铁离子呈现出的是红色，所以高等动物的血液就是红色的。低等动物的血液中含的是铜离子，铜离子的溶液是蓝色的，因而低等动物的血液是蓝色的。居于它们之间的那些动物的血液中含有三价钒离子，三价钒离子显绿色，所以这些动物的血液就是绿色的。

↓钒矿

精神病人的福音
——锂盐

☆ 名称：锂盐
☆ 种类：抗躁狂药
☆ 属性：锂的化合物

事实上抗躁狂药全部是锂盐一类，常用的是碳酸锂。20世纪40年代，卡特首次用锂盐治疗躁狂症成功，60年代改进了锂盐治疗方法，此后被广泛应用。

精神病人的福音

精神病是一种对社会有严重危害的疾病，全世界约有数以百万计的精神病患者，既给家庭和个人带来不幸，又是社会的沉重负担。因此，寻找治疗精神病的药物具有重要的意义。

澳大利亚有一位名叫卡特的精神病学家，长期以来对精神病进行了研究。他把病人的尿注射到几内亚猪的腹腔中，猪果然中毒。他猜测这种毒物的分子为尿酸，于是卡特就用尿酸代替病人的尿液继续实验。由于尿酸溶解度低，他就用尿酸锂来代替尿酸。当卡特把尿酸锂注入猪的腹腔中时，猪的中毒现象不仅没有加剧，反而大大缓解。卡特干脆用更容易溶解的碳酸锂注入猪腹腔内，原来呆板的猪竟然变得活泼了，症状也明显改善多了。

为什么锂盐注入猪的腹腔内，猪的精神症状会缓解呢？原来锂离子抵御了精神躁狂和抑郁病人中的尿酸毒性。从此，一种有效治疗精神病的药物——碳酸锂问世了。

1948年后，卡特开始把他的研究成果应用于临床。其中一个较成功的病例是有一个51岁的患者，处于慢性癫狂性兴奋状态已有5年，他不休息，并经常胡闹捣乱，妨碍他人休息，因此成为长期监护的对象。但这位患者经卡特医生三周的锂盐治疗后，便开始安定下来，并且很快成为恢复期的病人，继续服用两个月锂药剂后，他完全康复并很快回到原来的工作岗位。

图说经典百科

第四章

与生命有关的有机物

有机物是指与机体有关的化合物（少数与机体有关的化合物是无机化合物，如水），通常指含碳元素的化合物，但一些简单的含碳化合物，如一氧化碳、二氧化碳、碳酸盐、金属碳化物、氰化物、碳酸、硫氰化物等除外，其中心的碳原子是以氢键结合。除含碳元素外，绝大多数有机化合物分子中含有氢元素，有些还含氧、氮、卤素、硫和磷等元素。已知的有机化合物近8000万种。

有机物是个什么东西

有机物即有机化合物，主要由氧元素、氢元素、碳元素组成，是碳化合物（一氧化碳、二氧化碳、碳酸、碳酸盐、金属碳化物、氰化物除外）或碳氢化合物及其衍生物的总称。有机物是生命产生的物质基础。

有机物与生命

与机体有关的化合物（少数与机体有关的化合物是无机化合物，如水），通常指含碳元素的化合物，但一些简单的含碳化合物，如一氧化碳、二氧化碳、碳酸盐、金属碳化物、氰化物、碳酸、硫氰化物等除外，其中心的碳原子是以氢键结合。除含碳元素外，绝大多数有机化合物分子中含有氢元素，有些还含氧、氮、卤素、硫和磷等元素。

已知的有机化合物有近8000万

种。早期，有机化合物是指由动植物有机体内取得的物质。自1828年维勒人工合成尿素后，有机物和无机物之间的界线随之消失，但由于历史和习惯的原因，"有机"这个名词仍沿用。有机化合物对人类具有重要意义，地球上所有的生命形式，主要是由有机物组成的。

有机物是产生生命的物质基础。脂肪、氨基酸、蛋白质、糖、血红素、叶绿素、酶、激素等都是有机物。生物体内的新陈代谢和生物的遗传现象，都涉及到有机化合物的转变。此外，许多与人类生活有密切关系的物质，例如石油、天然气、棉花、染料、化纤、天然和合成药物等，均属有机化合物。

有机物的主要特点

多数有机化合物主要含有碳、氢两种元素，此外也常含有氧、氮、硫、卤素、磷等。部分有机物来自植物界，但绝大多数是以石油、天然气、煤等作为原料，通过人工合成方法制得。

有机化合物中碳原子的结合能力非常强，互相可以结合成碳链或碳环。碳原子数量可以是一两个，也可以是几千、几万个，许多有机高分子化合物甚至可以有几十万个碳原子。此外，有机化合物中同分异构现象非常普遍，这也是造成有机化合物众多的原因之一。

有机化合物除少数以外，一般都能燃烧。和无机物相比，它们的热稳定性比较差，电解质受热容易分解。有机物的熔点较低，一般不超过400℃。有机物的极性很弱，因此大多不溶于水。有机物之间的反应，大多是分子间反应，往往需要一定的活化能，因此反应缓慢，往往需要催化剂等手段。而且有机物的反应比较复杂，在同样条件下，一个化合物往往可以同时进行几个不同的反应，生成不同的产物。

知识链接

人体所需的营养物质(糖类、脂肪、蛋白质、维生素、无机盐和水)中，糖类、脂肪、蛋白质、维生素为有机物。

糖类（单糖、双糖和多糖。单糖

代表物有葡萄糖和果糖，双糖代表物有蔗糖和麦芽糖，多糖代表物有淀粉和纤维素）主要存在于水果、蔬菜、甘蔗、甜菜、大米、小麦等；纤维素(属于糖类)是植物组织的主要成分，植物的茎、叶和果皮中都含有纤维素。

扩展阅读

有些有机化合物常根据它的来源而用俗名，要掌握一些常用俗名所代表的化合物的结构式，如：木醇（甲醇）、酒精（乙醇）、甘醇（乙二醇）、甘油（丙三醇）、石炭酸（苯酚）、蚁酸（甲酸）、水杨醛（邻羟基苯甲醛）、肉桂醛（β－苯基丙烯醛）、巴豆醛（2－丁烯醛）、水杨酸（邻羟基苯甲酸）、氯仿（三氯甲烷）、草酸（乙二酸）、苦味酸（2、4、6－三硝基苯酚）、甘氨酸（α－氨基乙酸）等。

还有一些化合物常用它的缩写及商品名称，如：RNA（核糖核酸）、DNA（脱氧核糖核酸）、煤酚皂或来苏儿（47%—53%的三种甲酚的肥皂水溶液）、福尔马林（40%的甲醛水溶液）、扑热息痛（对乙酰氨基酚）、尼古丁（烟碱）等。

工业 "真正的粮食"
——煤

煤主要由碳、氢、氧、氮、硫和磷等元素组成，碳、氢、氧三者总和约占有机质的95%以上，是非常重要的能源，也是冶金、化学工业的重要原料。

煤的主要成分

煤的组成以有机质为主体，构成有机高分子的主要是碳、氢、氧、氮等元素。煤中存在的元素有数十种之多，但通常所指的煤的元素组成主要是五种元素，即碳、氢、氧、氮和硫。

煤中有机质是复杂的高分子有机化合物，主要由碳、氢、氧、氮、硫和磷等元素组成，而碳、氢、氧三者总和约占有机质的95%以上；煤中的无机质也含有少量的碳、氢、氧、硫等元素。煤的主要成分如下：

第一，煤中的碳。一般认为，煤是由带脂肪侧链的大芳环和稠环所组成的。这些稠环的骨架是由碳元素构成的。因此，碳元素是组成煤的有机高分子的最主要元素。

第二，煤中的氢。氢是煤中第二个重要的组成元素。除有机氢外，在煤的矿物质中也含有少量的无机氢。它主要存在于矿物质的结晶水中。

↓煤块

第三，煤中的氧。氧是煤中第三个重要的组成元素。它以有机和无机两种状态存在。有机氧主要存在于含氧官能团，如羧基（−COOH）、羟基（−OH）和甲氧基（CH_3O-）等中；无机氧主要存在于煤中水分、硅酸盐、碳酸盐、硫酸盐和氧化物等中。

第四，煤中的氮。煤中的氮含量比较少，一般约为0.5%—3.0%。氮是煤中唯一的完全以有机状态存在的元素。

第五，煤中的硫。煤中的硫分是有害杂质，它能使钢铁热脆、设备腐蚀、燃烧时生成的二氧化硫（SO_2）污染大气，危害动植物生长及人类健康。所以，硫分含量是评价煤质的重要指标之一。

煤的形成

煤为不可再生的资源。煤是古代植物埋藏在地下经历了复杂的生物化学和物理化学变化逐渐形成的固体可燃性矿产，一种固体可燃有机岩，主要由植物遗体经生物化学作用，埋藏后再经地质作用转变而成，俗称煤炭。

煤的形成过程是这样的：

在地表常温、常压下，由堆积在停滞水体中的植物遗体经泥炭化作用或腐泥化作用，转变成泥炭或腐泥；泥炭或腐泥被埋藏后，由于盆地基底下降而沉至地下深部，经成岩作用而转变成褐煤；当温度和压力逐渐增高，再经变质作用转变成烟煤至无烟煤。

泥炭化作用是指高等植物遗体在沼泽中堆积经生物化学变化转变成泥炭的过程。腐泥化作用是指低等生物遗体在沼泽中经生物化学变化转变成腐泥的过程。腐泥是一种富含水和沥青质的淤泥状物质。冰川过程可能有助于成煤植物遗体汇集和保存。

知识链接

中国是世界上最早利用煤的国家。

辽宁省新乐古文化遗址中，就发现有煤制工艺品，河南巩义市也发现有西汉时用煤饼炼铁的遗址。《山海经》中称煤为石涅，魏、晋时称煤为石墨或石炭。明代李时珍的《本草纲目》首次使用煤这一名称。

希腊和古罗马也是用煤较早的国家，希腊学者泰奥弗拉斯托斯在公元前约300年著有《石史》，其中记载有煤的性质和产地；古罗马大约在2000年前已开始用煤加热。

工业的血液
——石油

　　石油又称原油，是从地下深处开采的棕黑色可燃黏稠液体。它主要是各种烷烃、环烷烃、芳香烃的混合物。

煤世界是从哪里"输血"的

　　石油是古代海洋或湖泊中的生物经过漫长的演化形成的混合物，与煤一样属于化石燃料。石油主要被用来生产燃油和汽油，燃料油和汽油组成目前世界上最重要的能源之一。石油也是许多化学工业产品，如溶液、化肥、杀虫剂和塑料等的原料。

　　如今开采的石油88%被用作燃料，其他的12%作为化工业的原料。由于石油是一种不可再生原料，许多人担心石油用尽会给人类带来不可想象的后果。在中东地区——波斯湾一带有丰富的储藏，而在俄罗斯、美国、中国、南美洲等地也有很大量的储藏。

　　一是中东波斯湾沿岸。中东海湾地区地处欧、亚、非三洲的枢纽位置，原油资源非常丰富，被誉为"世界油库"。在世界原油储量排名的前十位中，中东国家占了五位，依次是沙特阿拉伯、伊朗、伊拉克、科威特和阿联酋。

　　二是北美洲。北美洲原油储量最丰富的国家是加拿大、美国和墨西哥。加拿大原油探明储量为245.5亿吨，居世界第二位。

　　三是欧洲及欧亚大陆。欧洲及欧亚大陆原油探明储量为157.1亿吨，约占世界总储量的8%。其中，俄罗斯原油探明储量为82.2亿吨，居世界第八位，但俄罗斯是世界第一大产油国，2006年的石油产量为4.7亿吨。

　　四是非洲。非洲是近几年原油储量和石油产量增长最快的地区，被誉为"第二个海湾地区"。

五是中南美洲。中南美洲是世界重要的石油生产和出口地区之一，也是世界原油储量和石油产量增长较快的地区之一，委内瑞拉、巴西和厄瓜多尔是该地区原油储量最丰富的国家。

六是亚太地区。亚太地区原油探明储量约为45.7亿吨，也是目前世界石油产量增长较快的地区之一。中国、印度、印度尼西亚和马来西亚是该地区原油探明储量较丰富的国家。

石油的化学成分

石油的化学组成是不一定的，随产地不同而异。根据含烃的成分不同一般将石油分为烷烃基石油、环烷基石油、混合基石油和芳烃基石油等几大类。但许多产油国家常根据本国的资源情况而有不同的分类。

石油主要是由碳、氢两种元素所组成的

化合物，成分很复杂，并且随产地不同而异。按其结构又分为烷烃（包括直链和支链烷烃）、环烷烃（多数是烷基环戊烷、烷基环己烷）和芳香烃（多数是烷基苯），一般石油中不含有烯烃。汽油是从石油里面提取出来的。不同深度的石油优劣不同，一般第一层是飞机油，第二层是我们常见的汽油，然后是柴油，最后是残渣。目前还没有可以完全代替石油的东西。虽然有天然气、氢气等，但比如氢气，制取难度比较大，而且比较昂贵，目前还没有什么好方法来让氢气的制取费用变便宜。

↓海上钻井

化工之母
——苯

苯是有机化合物，是组成结构最简单的芳香烃，是厉害的致癌物。在常温下为一种无色、有甜味的透明液体，并具有强烈的芳香气味。

苯的性质

苯为第一类致癌物。

苯难溶于水，易溶于有机溶剂，本身也可作为有机溶剂。其碳与碳之间的化学键介于单键与双键之间，因此同时具有饱和烃取代反应的性质和不饱和烃加成反应的性质。苯的性质是易取代，难氧化，难加成。苯是一种石油化工基本原料。苯的产量和生产的技术水平是一个国家石油化工发展水平的标志之一。苯具有的环系叫苯环，是最简单的芳环。

苯的制取

苯最早是在19世纪初研究将煤气作为照明用气时合成出来的。

一般认为苯是在1825年由麦可·法拉第发现的。他从鱼油等类似物质的热裂解产品中分离出了较高纯度的苯，称之为"氢的重碳化物"。并且测定了苯的一些物理性质和它的化学组成，阐述了苯分子的碳氢比。

弗里德里希·凯库勒于1865年提出了苯环单、双键交替排列，无限共轭的结构，即现在所谓"凯库勒式"。

据称他是因为梦到一条蛇咬住了自己的尾巴才受到启发想出"凯库勒式"的。他又对这一结构作出解释说环中双键位置不是固定的，可以迅速移动，所以造成6个碳等价。他通过对苯的一氯代物、二氯代物种类的研究，发现苯是环形结构，每个碳连接一个氢。

1845年德国化学家霍夫曼从煤焦油的轻馏分中发现了苯，他的学生C.Mansfield随后进行了加工提纯。后来他又发明了结晶法精制苯。他还进行工业应用的研究，开创了苯的加工利用途径。

1865年，弗里德里希·凯库勒在论文《关于芳香族化合物的研究》中，再次确认了四年前苯的结构，为此，苯的这种结构被命名为"凯库勒式"。

大约从1865年起开始了苯的工业生产。最初是从煤焦油中回收。

随着它的用途的扩大，产量不断上升，到1930年已经成为世界十大吨位产品之一。

知识链接

早在20世纪20年代，苯就已是工业上一种常用的溶剂，主要用于金属脱脂。由于苯有毒，人体能直接接触溶剂的生产过程，现已不用苯作溶剂。

苯有减轻爆震的作用而能作为汽油添加剂。在20世纪50年代四乙基铅开始使用以前，所有的抗爆剂都是苯。然而现在随着含铅汽油的淡出，苯又被重新起用。由于苯对人体有不利影响，对地下水质也有污染，欧美国家限定汽油中苯的含量不得超过1%。

←苯工厂

神奇的电石气
——乙炔

☆ 名称：乙炔
☆ 种类：炔烃化合物
☆ 性质：无色、无味的易燃物，有毒

乙炔是最简单的炔烃，又称电石气。纯乙炔在空气中燃烧达2100度左右，在氧气中燃烧可达3600度。

乙炔的性质

德国著名化学家弗里德里希·维勒1842年制备了碳化钙，也就是电石，并证明它与水作用，放出乙炔。

纯乙炔为无色、无味的易燃、有毒气体。而电石制的乙炔因混有硫化氢、磷化氢、砷化氢，而带有特殊的臭味。化学性质很活泼，能起加成、氧化、聚合及金属取代等反应。乙炔在液态和固态下或在气态和一定压力下有猛烈爆炸的危险，受热、震动、电火花等因素都可以引发爆炸，因此不能在加压液化后贮存或运输。微溶于水，易溶于乙醇、苯、丙酮等有机溶剂。在工业上是在装满石棉等多孔物质的钢瓶中，使多孔物质吸收丙酮后将乙炔压入，以便贮存和运输。

乙炔的作用

乙炔可用以照明、焊接及切断金属（氧炔焰），也是制造乙醛、醋酸、苯、合成橡胶、合成纤维等的基本原料。

乙炔燃烧时能产生高温，氧炔焰的温度可以达到3200℃左右，用于切割和焊接金属。供给适量空气，可以安全燃烧发出亮白光，在电灯未普及或没有电力的地方可以用做照明光源。乙炔化学性质活泼，能与许多试剂发生加成反应。在20世纪60年代前，乙炔是有机合成最重要的原料，现在仍为重要原料之一。如与氯化氢、氢氰酸、乙酸加成，均可生成生产高聚物的原料。

乙炔在不同条件下，能发生不同的聚合作用，分别生成乙烯基乙炔或二乙烯基乙炔，前者与氯化氢加成可以得到制氯丁橡胶的原料。乙炔在400℃—500℃高温下，可以发生环状三聚合生成苯；以氰化镍为催化剂，可以生成环辛四烯。

乙炔具有弱酸性，将其通入硝酸银或氯化亚铜氨水溶液，立即生成白色乙炔银和红棕色乙炔亚铜沉淀，可用于乙炔的定性鉴定。这两种金属炔化物干燥时，受热或受到撞击容易发生爆炸。

趣味阅读

弗里德里希·维勒，1800年7月31日生于德国莱茵河岸上的一个小镇，他是德国著名的有机化学家。

弗里德里希·维勒上大学时，把自己的宿舍变成了不折不扣的化学实验室。

一次，这位青年科学家把硫氰酸铵的溶液与硝酸汞溶液混合时，得到了硫氰酸汞的沉淀。他滤出白色沉淀物后，使其干燥，自己就去睡觉了。但他根本就睡不着，离天亮早着呢，时间过得可真慢哪。维勒披衣起床，

点燃了蜡烛，又接着实验了。

维勒把一部分硫氰酸汞放在瓦片上，让它靠近壁炉熊熊燃烧的炭火。不一会儿，瓦片被烧热了，瓦片上的白色粉末开始发出"啪啪"的声响，并在瓦片上分散开。咦，真神了，维勒睁大了眼睛，粉末的颜色由白变黄，而且体积显著地膨胀起来，变得越来越多，越来越大。维勒兴致勃勃地注视着所发生的一切，当响声停止时，他重新取了一些白色粉末，蘸上点水，用两个手掌研搓，搓成一条白色的"小香肠"，在瓦片上干燥一会儿，然后就将瓦片的一端猛烈加热，于是，熟悉的劈啪声又响起来了。这时，"小香肠"受热的那一端开始剧烈膨胀，形成了一个大气泡，这个球形的气泡飞快地沿着"小香肠"向另一端滚去，因为这时扩展到了整个物质。最后，反应停止了，剩下一块不流动的黄色物质。

这一夜维勒彻夜未眠，第二天一起来他就把这个分解反应写下来。又经过反复试验，他发表了关于硫氰酸汞如何发生热分解的论文，文章虽不长，却引起了大化学家贝采利乌斯的重视和赞许。这件事使青年维勒对自己的力量增添了信心；他因此决定到海德堡去，从而翻开了他人生旅途中崭新的一页。

真正的蒙汗药
——乙醚

☆ 名称：乙醚
☆ 种类：醚
☆ 性质：无色液体，极易挥发，气味特殊，极易燃

乙醚是一种醚。古老的合成有机化合物之一。无色液体，极易挥发，气味特殊；极易燃，纯度较高的乙醚不可长时间敞口存放，否则其蒸气可能引来远处的明火进而起火。

神奇的麻醉剂乙醚

乙醚主要用作油类、染料、生物碱、脂肪、天然树脂、合成树脂、硝化纤维、碳氢化合物、亚麻油、石油树脂、松香脂、香料、非硫化橡胶等的优良溶剂。医药工业用作药物生产的萃取剂和医疗上的麻醉剂。毛纺、棉纺工业用作油污洁净剂。火药工业用于制造无烟火药。

乙醚作为一种非常重要的麻醉剂，对神经有兴奋作用，亦具有麻醉止痛作用，至今仍是外科医生的好帮手。

乙醚用作麻醉剂引起的风波

美国牙科医生维尔斯用笑气做麻醉剂，成功地给不少患者做了拔牙手术。可是，1844年的一天，维尔斯在美国波士顿城做拔牙公开表演时，由于笑气用量不足，手术没有成功，病人痛得大声呼叫，人们把维尔斯当作骗子，将他赶出了医院。

维尔斯有个学生叫作莫顿。一个偶然的机会，莫顿听到化学教授杰克逊说，有一次在做化学实验时，他不慎吸入一大口氯气，为了解毒，他立即又吸了一口乙醚。不料，开始他感到浑身轻松，可不一会便失去了知觉。听了杰克逊的叙

图说化学世界

说，勤于思索的莫顿深感兴趣。他大胆设想，能否用乙醚来作为一种理想的麻醉剂呢?于是，他便动手在动物身上试验，以后又在自己身上试验，结果证明乙醚的确是一种理想的麻醉剂。

1846年10月的一天，世界上第一次使用乙醚进行麻醉外科手术的公开表演成功了。从此，还是医学院二年级学生的莫顿出名了。乙醚麻醉剂亦逐渐成为全世界各家医院手术室里不可缺少的药品。

乙醚麻醉剂的发明是医学外科史上的一项重大成果。然而，当莫顿以乙醚麻醉剂发明者的身份向美国政府申请专利时，他的老师维尔斯和曾经启发他发明的化学教授杰克逊都起来与莫顿争夺专利权。后来，这场官司打到法院，但多年一直毫无结果，他们为此都被搞得狼狈不堪。最后，杰克逊为此得了精神病，维尔斯自杀身亡，莫顿则患脑出血而死去。

乙醚麻醉剂的发明造福于人类。可是，因发明减轻人们痛苦的3位科学家却因名利的争夺而在科学史上演出了一场令人遗憾的悲剧。

↓乙醚常用于手术过程中

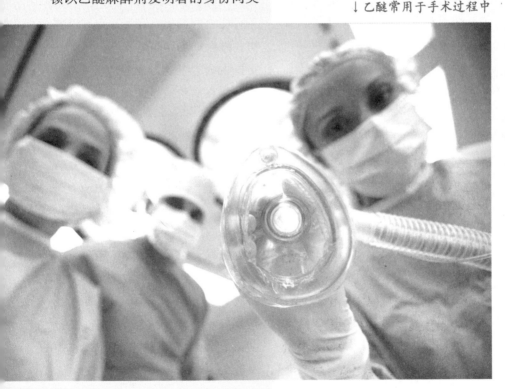

最强悍的化肥
——尿素

☆ 名称：尿素

☆ 种类：氮肥

☆ 性质：无色或白色针状或棒状结晶体，无臭、无味

尿素是一种由碳、氧、氮和氢组成的有机物。外观是无色或白色针状或棒状结晶体，工业或农业品，为白色略带微红色固体颗粒，无臭、无味。

尿素的人工合成

1773年，伊莱尔·罗埃尔发现尿素。1828年，德国化学家弗里德里希·维勒首次使用无机物质氰酸铵与硫酸铵人工合成了尿素。

维勒自1824年起研究氰酸铵的合成，但是他发现在氰酸中加入氨水后蒸干得到的白色晶体并不是铵盐，到了1828年他终于证明出这个实验的产物是尿素。本来他打算合成氰酸铵，却得到了尿素。

维勒由于偶然地发现了从无机物合成有机物的方法，而被认为是有机化学研究的先锋，揭开了人工合成有机物的序幕。在此之前，人们普遍认为：有机物只能依靠一种生命力在动物或植物体内产生；人工只能合成无机物而不能合成有机物。维勒的老师贝采里乌斯当时也支持生命力学说，他写信问维勒，能不能在实验室里"制造出一个小孩来"。

最佳肥料——尿素

尿素是一种高浓度氮肥，属中性速效肥料，也可用于生产多种复合肥料。在土壤中不残留任何有害物质，长期施用没有不良影响。畜牧业可用作反刍动物的饲料。但在造粒中温度过高会产生少量缩二脲，又称双缩脲，对作物有抑制作用。

尿素适用于作基肥和追肥。尿素在转化前是分子态的，不能被土壤吸附，应防止随水流失；转化后形成的氨也易挥发，所以尿素也要深施覆土。

尿素适用于一切作物和所有土壤，旱水田均能施用。由于尿素在土壤中转化可积累大量的铵离子，会导致PH升高2—3个单位，再加上尿素本身含有一定数量的缩二脲，其浓度在500ppm时，便会对作物幼根和幼芽起抑制作用，因此尿素不宜用作种肥。

尿素（氮肥）能促进细胞的分裂和生长，使枝叶长得繁茂。

趣味阅读

生物以二氧化碳、水、天冬氨酸和氨等化学物质合成尿素。促使尿素合成的代谢途径，叫作尿素循环。这个过程耗费能量，但是很有必要。因为氨有毒，而且是常见的新陈代谢产物，必须被消除。

↓施过尿素的农作物

既能吃又能炸
——甘油

甘油，1779年由斯柴尔首先发现，1823年人们认识到油脂成分中含有一种有机物，有甜味，因此命名为甘油。第一次世界大战期间，因甘油可以用来制造火药，因此产量大增。

甘油的性质

甘油是最简单的三羟基醇。在自然界中甘油主要以甘油酯的形式广泛存在于动植物体内，在棕榈油和其他极少数油脂中含有少量甘油。它是无色黏稠液体，具有甜味。与水及乙醇可任意比例混合，在潮湿空气中能吸收水分，遇冷时间过长能析出结晶块，稍加温可再溶，故应密闭贮存。

甘油的熔点为20℃，沸点为290℃（分解）。纯甘油可形成结晶固体，冷至－15℃——－55℃时最易结晶，吸水性很强，可与水混溶，并可溶于丙酮、三氯乙烯及乙醚—醇混合液。甘油氧化时生成甘油醛、甘油酸，还原时生成丙二醇。

甘油的作用

甘油于10℃左右与硫酸、硝酸混合酸反应，生成甘油三硝酸酯，俗称硝酸甘油，这个化合物经轻微碰撞即分解成大量的气体、水蒸气和二氧化碳，发生爆炸。

硝酸甘油还常用作强心剂和抗心绞痛药。脂肪酰氯或酸酐可酯化甘油。甘油与过氧化氢、过氧酸、亚铁盐、稀硝酸等反应，生成甘油醛、二羟基丙酮，与浓硝酸作用生成甘油酸。

甘油也可被四乙酸铅或高碘酸氧化。甘油与硫酸钾或浓硫酸加热发生分子内失水，生成丙烯醛。甘油是肥皂工业的副产物，也可用特种酵母发酵糖蜜制得。也可以丙烯为原料合成甘油。

甘油大量用作化工原料，用于制造合成树脂、塑料、油漆、硝酸甘油、油脂和蜂蜡等，还用于制药、香料、化妆品、卫生用品及国防等工业中。

趣味阅读

甘油可发生的化学反应有：与无机酸、羧酸、酸酐、酰氯等生成盐或酯；与醇生成醚；与环氧乙烷环氧丙烷生成聚醚；与碱金属单质或碱金属氢化物生成盐；与多元脂肪族羧酸或多元芳香酸生成聚酯。常见的甘油衍生物：

1. 甘油脂肪酸酯

其性能与油脂不同，可以应用于食品工业和化妆品工业。

2. 甘油芳香族羧酸酯

甘油与苯甲酰氯反应可生成甘油三苯甲酸酯，这是一种固体的树脂增塑剂。

3. 甘油三硝酸酯

甘油三硝酸酯又被称为硝化甘油。将惰性气体（如氮气）通入甘油溶液中，然后加入硝酸即可制得。在炸药生产中占有重要位置，也是一种药品。

↓甘油

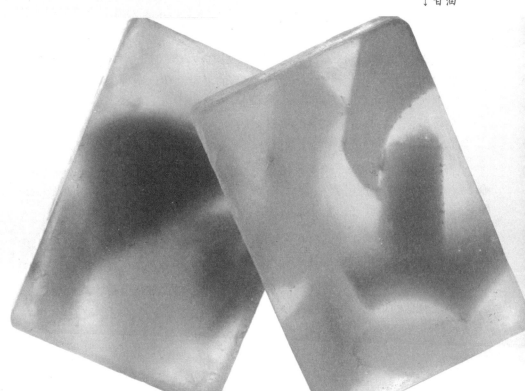

瓦斯爆炸的首恶
——甲烷

☆ 名称：甲烷

☆ 种类：最简单的有机物

☆ 性质：含碳量最小，含氢量最大

甲烷是最简单的有机物，也是含碳量最小（含氢量最大）的烃，是沼气、天然气、坑气和油田气的主要成分。

甲烷的基本性质

甲烷是无色、无味、可燃和微毒的气体。甲烷对空气的重量比是0.54，比空气约轻一半。甲烷溶解度很小，在20℃、0.1千帕时，100单位体积的水，只能溶解3个单位体积的甲烷。同时甲烷燃烧产生明亮的蓝色火焰，然而有可能会偏绿，因为燃烧甲烷要用玻璃导管，玻璃在制的时候含有钠元素，所以呈现黄色的焰色，甲烷烧起来是蓝色，所以混合看来是绿色。

甲烷在自然界分布很广，是天然气、沼气、坑气及煤气的主要成分之一。甲烷高温分解可得炭黑，用作颜料、油墨、油漆以及橡胶的添加剂等；氯仿和四氯化碳都是重要的溶剂。甲烷还可用作燃料及制造氢、一氧化碳、炭黑、乙炔、氢氰酸及甲醛等物质的原料。

天然气的解析

天然气是一种多种成分组成的混合气体，主要成分是烷烃，其中甲烷占绝大多数，另有少量的乙烷、丙烷和丁烷，此外一般还含有硫化氢、二氧化碳、氮和水汽，以及微量的惰性气体，如氦和氩等。在标准状况下，甲烷至丁烷以气体状态存在，戊烷以下为液体。

天然气系古生物遗骸长期沉积地下，经慢慢转化及变质裂解而产生的气态碳氢化合物，具可燃性，多在油田开采原油时伴随而出。

天然气蕴藏在地下多孔隙岩层中，主要成分为甲烷，比重约0.65，比空气轻，具有无色、无味、无毒之特性。天然气公司皆遵照政府规定添加臭剂，以资用户嗅辨。天然气在空气中含量达到一定程度后会使人窒息。

若天然气在空气中浓度为5%—15%的范围内，遇明火即可发生爆炸，这个浓度范围即为天然气的爆炸极限。爆炸在瞬间产生高压、高温，其破坏力和危险性都是很大的。

依天然气蕴藏状态，又分为构造性天然气、水溶性天然气、煤矿天然气等三种。而构造性天然气又可分为伴随原油出产的湿性天然气、不含液体成分的干性天然气。

趣味阅读

中国沉积岩分布面积广，陆相盆地多，形成优越的多种天然气储藏的地质条件。根据1993年全国天然气远景资源量的预测，中国天然气总资源量达38万亿立方米，陆上天然气主要分布在中部和西部地区，分别占陆上资源量的43.2%和39.0%。

中国天然气资源的层系分布以新生界第3系和古生界地层为主，在总资源量中，新生界占37.3%，中生界11.1%，上古生界25.5%，下古生界26.1%。天然气资源的成因类型是：高成熟的裂解气和煤层气占主导地位，分别占总资源量的28.3%和20.6%，油田伴生气占18.8%，煤层吸附气占27.6%，生物气占4.7%。中国天然气探明储量集中在10个大型盆地，依次为：渤海湾、四川、松辽、准噶尔、莺歌海琼东南、柴达木、吐哈、塔里木、渤海、鄂尔多斯。中国气田以中小型为主，大多数气田的地质构造比较复杂，勘探开发难度大。1991年—1995年间，中国天然气产量从160.73亿立方米增加到179.47亿立方米，平均年增长速度为2.33%。

扩展阅读

中国煤矿术语中的瓦斯是从英语gas译音转化而来，往往单指CH_4(甲烷，也称沼气)。地下开采时，瓦斯由煤层或岩层内涌出，污染矿内空气。

瓦斯从煤矿里的煤岩裂缝中喷出，当瓦斯浓度低于5%时，遇火不爆炸，但能在火焰外围形成燃烧层，当瓦斯浓度为9.5%时，其爆炸威力最大；瓦斯浓度在16%以上时，失去其爆炸性，但在空气中遇火仍会燃烧。

第五章

魔法般神奇的化学反应

　　化学反应，并不仅仅是存在于化学实验室里的，在我们的生活中，处处都有它的身影出没。它与人类的关系之深、之密切，远远超出人们的想象。可以这么说，人是化学反应的产物。

电解的辉煌成就

电解是指将直流电通过电解质溶液或熔体，使电解质在电极上发生化学反应，以制备所需产品的反应过程。

戴维与电解

说起电解，不能不说英国化学家戴维。1799年意大利物理学家伏打发明了将化学能转化为电能的电池，使人类第一次获得了可供实用的持续电流。1800年英国的尼科尔逊和卡里斯尔采用伏打电池电解水获得成功，使人们认识到可以将电用于化学研究。许多科学家纷纷用电做各种实验。戴维在思考，电既然能分解水，那么对于盐溶液、固

↓英国著名化学家汉弗莱·戴维

体化合物会产生什么作用呢？于是他开始研究各种物质的电解作用。首先他很快地熟悉了伏打电池的构造和性能，并组装了一个特别大的电池用于实验。他选择了木灰（即苛性钾）作第一个研究对象，发现一种新的元素。因为它是从木灰中提取的，故命名为钾。

对木灰电解成功，使戴维对电解这种方法更有信心，紧接着他采用同样方法电解了苏打，获得了另一种新的金属元素。该元素来自苏打，故命名为钠。

接着他又得到了银白色的金属钙。紧接着又制取了金属镁、锶和钡。

戴维依靠电解，成为发现化学元素最多的科学家，在化学史上留下了不朽的身影。

电解的成就

1807年，英国科学家戴维将熔融苛性碱进行电解制取钾、钠，从而为获得高纯度物质开拓了新的领域。

1833年，英国物理学家法拉第提出了电化学当量定律（即法拉第第一、第二定律）。

1886年美国工业化学家霍尔电解制铝成功。

1890年，第一个电解氯化钾制取氯气的工厂在德国投产。

1893年，开始使用隔膜电解法，用食盐溶液制烧碱。

1897年，水银电解法制烧碱实现工业化。

至此，电解法成为化学工业和冶金工业中的一种重要生产方法。

1937年，阿特拉斯化学工业公司实现了用电解法由葡萄糖生产山梨醇及甘露糖醇的工业化，这是第一个大规模用电解法生产有机化学品的过程。

1969年又开发了由丙烯腈电解二聚生产己二腈的工艺。

扩展阅读

电解广泛应用于冶金工业中，如从矿石或化合物提取金属或提纯金属，以及从溶液中沉积出金属。

金属钠和氯气是由电解熔融氯化钠生成的；电解氯化钠的水溶液则产生氢氧化钠和氯气。

电解水产生氢气和氧气。水的电解就是在外电场作用下将水分解为氢和氧。

电解是一种非常强有力的促进氧化还原反应的手段，许多很难进行的氧化还原反应，都可以通过电解来实现。

火是人类文明之始

人类对火的认识、使用和掌握，是人类认识自然，并利用自然来改善生产和生活的第一次实践。火的应用，在人类文明发展史上有极其重要的意义。

火

火是原始人狩猎的重要手段之一。用火驱赶、围歼野兽，行之有效，提高了狩猎的生产能力。焚草为肥，促进野草生长，自然为后起的游牧部落所继承。最初的农业耕作方式——刀耕火种，就是依靠火来进行的。至于原始的手工业，更是离不开火的作用。弓箭、木矛都要经过火烤矫正器身。以后的制陶、冶炼等，没有火是无法完成的。

燃烧

燃烧，俗称着火，是可燃物跟助燃物（氧化剂）发生的剧烈的氧化反应。通常伴有火焰、发光和发烟现象。燃烧具有三个特征，即化学反应、放热和发光。

物质燃烧过程的发生和发展，必须具备以下三个必要条件，即：可燃物、氧化剂和温度。只有这三个条件同时具备，才可能发生燃烧现象，无论缺少哪一个条件，燃烧都不能发生。但是，并不是上述三个条件同时存在，就一定会发生燃烧现象，还必须三个因素相互作用才能发生燃烧。

燃烧的广义定义：燃烧是指任何发光发热的剧烈反应，不一定要有氧气参加，比如金属钠（Na）和氯气（Cl_2）反应生成氯化钠（NaCl），该反应没有氧气参加，但是是剧烈的发光、发热的化学反应，同样属于燃烧范畴。同时也不一定是化学反应，比如核燃料燃烧。

火焰

火焰中心到火焰外焰边界的范围内是气态可燃物或者汽化了的可燃物，它们正在和助燃物发生剧烈或比较剧烈的氧化反应。

在气态分子结合的过程中释放出不同频率的能量波，因而在介质中发出不同颜色的光。例如，在空气中刚刚点燃的火柴，其火焰内部就是火柴头上的氯酸钾分解放出的硫，在高温下离解成为气态硫分子，与空气中的氧气分子剧烈反应而放出光。外焰反应剧烈，故温度高。

火是物质分子分裂后重组到低能分子中分离、碰撞、结合时释放的能量。火内粒子是高速运动的——高温高压就是这个目的。

火焰内部其实就是不停被激发而游动的气态分子。它们正在寻找"伙伴"进行反应并放出光和能量。而所放出的光，让我们看到了火焰。

↓火焰

人体内的化学反应

人的体内无时无刻不在进行着复杂的化学反应，你所做的每一个动作，你进行的每一个思考，都是化学反应在推动，而人体内的这些反应中，酶是主角。酶是一种生物催化剂。生物体内含有千百种酶，它们支配着生物的新陈代谢、营养和能量转换等许多催化过程，与生命过程关系密切的反应大多是酶催化反应。

酶的重要性

哺乳动物的细胞就含有几千种酶。它们或者溶解于细胞质中，或者与各种膜结构结合在一起，或者位于细胞内其他结构的特定位置上。这些酶统称为胞内酶；另外，还有一些在细胞内合成后再分泌至细胞外的酶——胞外酶。

酶催化化学反应的能力叫酶活力（或称酶活性）。酶活力可受多

种因素的调节控制，从而使生物体能适应外界条件的变化，维持生命活动。

没有酶的参与，新陈代谢只能以极其缓慢的速度进行，生命活动就根本无法维持。例如食物必须在酶的作用下降解成小分子，才能透过肠壁，被组织吸收和利用。在胃里有胃蛋白酶，在肠里有胰脏分泌的胰蛋白酶、胰凝乳蛋白酶、脂肪酶和淀粉酶等。又如食物的氧化是动物能量的来源，其氧化过程也是在一系列酶的催化下完成的。

酶的作用

生物体（包括人）内每时每刻都在进行着大量的生物化学反应，如摄入的食物包含有蛋白质、脂肪、碳水化合物等，这些物质本身并不能为人体所利用。

蛋白质必须被蛋白酶分解成氨基酸才能透过肠黏膜吸收入血液，通过血液运送到全身各个组织细

↑人的每一个举动都是化学反应的结果

胞，被细胞利用；脂肪必须由脂肪酶分解成甘油和脂肪酸才能被吸收入血液，被组织细胞利用；碳水化合物必须被淀粉酶分成小分子的葡萄糖才能被吸收入血液，然后运输到各组织器官，并进入细胞内，再在各种酶的作用下，被燃烧产生能量，放出水和二氧化碳。在人体内只要生命在持续，各种生物化学反应一刻也不能停息。成千上万种的生物化学反应的过程中必须有酶进行催化促进，否则这种生物反应就无法进行。

生物体内的酶促反应就是生命存在的一种内在本质。所以测定人体内各种酶的浓度和酶的活力来反映机体生化反应机能是否正常，常见的测定转氨酶反映肝脏、心脏的功能状态，测碱性磷酸酶反映心肌功能状态，测定乙酰胆碱酯酶反映神经功能。

维生素是个庞大的家族，目前所知的维生素就有几十种，大致可分为脂溶性和水溶性两大类。

有些物质在化学结构上类似于某种维生素，经过简单的代谢反应即可转变成维生素，此类物质称为维生素原，例如β-胡萝卜素能转变为维生素A；7-脱氢胆固醇可转变为维生素D_3；但要经许多复杂代谢反应才能成为烟酸的色氨酸则不能称为维生素原。水溶性维生素不需消化，直接从肠道吸收后，通过循环到机体需要的组织中，多余的部分大多由尿排出，在体内储存甚少。

脂溶性维生素溶解于油脂，经胆汁乳化，在小肠吸收，由淋巴循环系统进入到体内各器官。体内可储存大量脂溶性维生素。维生素A和维生素D主要储存于肝脏，维生素E主要存于体内脂肪组织，维生素K储存较少。水溶性维生素易溶于水而不易溶于非极性有机溶剂，吸收后体内贮存很少，过量的多从尿中排出；脂溶性维生素易溶于非极性有机溶剂，而不易溶于水，可随脂肪为人体吸收并在体内蓄积，排泄率不高。

让人又爱又恨的塑料

塑料是由高聚物（即通常所说的树脂）与各种添加剂混合而成的化合物，添加剂主要有填料、增塑剂、稳定剂、润滑剂以及色料等。

塑料的成分

塑料的主要成分是合成树脂。

最初的树脂是指由动植物分泌出的脂质，如松香、虫胶等，现代的树脂是指还没有和各种添加剂混合的高聚物。

树脂约占塑料总重量的40%—100%。塑料的基本性质主要决定于树脂的性质，但添加剂也起着很重要的作用。

有些塑料基本上是由合成树脂所组成，不含或少含添加剂，如有机玻璃、聚苯乙烯等。所谓塑料，其实是合成树脂中的一种，形状跟天然树脂中的松树脂相似，但因经过化学手段进行人工合成，而被称为塑料。

塑料诞生的历史

第一种完全合成的塑料出自美籍比利时人列奥·亨德里克·贝克兰，1907年7月14日，他注册了酚醛塑料的专利。

贝克兰是鞋匠和女仆的儿子，1863年生于比利时根特。1884年，21岁的贝克兰获得根特大学博士学位，24岁时就成为比利时布鲁日高等师范学院的物理和化学教授。1889年，刚刚娶了大学导师的女儿，贝克兰又获得一笔旅行奖学金，到美国从事化学研究。

在哥伦比亚大学查尔斯·钱德勒教授的鼓励下，贝克兰留在美国，为纽约一家摄影供应商工作。

他发明了一种照相纸，并申请了专利权。这个专利以85万美元卖给了柯达公司。

贝克兰将一个谷仓改成设备齐

全的私人实验室，还与人合作在布鲁克林建起试验工厂。当时刚刚萌芽的电力工业蕴藏着绝缘材料的巨大市场。贝克兰的目光对准了天然的绝缘材料——虫胶。

贝克兰研究得到了一种糊状的黏性物，模压后成为半透明的硬塑料——酚醛塑料。

酚醛塑料是世界上第一种完全合成的塑料。1909年2月8日，贝克兰在美国化学协会纽约分会的一次会议上公开了这种塑料。

酚醛塑料绝缘、稳定、耐热、耐腐蚀、不可燃，贝克兰自称为"千用材料"。特别是在迅速发展的汽车、无线电和电力工业中，它被制成插头、插座、收音机和电话外壳、螺旋桨、阀门、齿轮、管道。在家庭中，它出现在台球、把手、按钮、刀柄、桌面、烟斗、保温瓶、电热水瓶、钢笔和人造珠宝上。

五大通用塑料

一、聚乙烯塑料

聚乙烯塑料目前是世界上最大的通用塑料树脂产品。

低密度聚乙烯的用途非常广泛，用挤出吹塑法可以生产薄膜、中空容器，用挤出法可以生产管材，用注射法可以生产各种日用品，如奶瓶、皂盒、玩具、杯子、塑料花等。

中密度聚乙烯主要用于制作各种瓶类制品、中空制品、电缆用制品以及高速自动包装用薄膜。

高密度聚乙烯塑料强度高、耐磨性好，所以主要用于制造绳索、打包带等，还可制作盒、桶、保温瓶壳等。

二、聚丙烯塑料

聚丙烯塑料主要用于薄膜、管材、瓶类制品等。由于受热软化点较高，可用于制作餐具，如碗、盆、口杯等；医疗器械的杀菌容器；日用品如水桶、热水瓶壳等；还可制作文具盒、仪器盒等；也可制作电器绝缘材料及代替木材的低发泡板材等。它还适于制作各种绳索和包装绳。

三、聚苯乙烯塑料

聚苯乙烯塑料广泛应用于光学仪器、化工部门及日用品方面，用来制作茶盘、糖缸、皂盒、烟盒、学生尺、梳子等。由于具有一定的透气性，当制成薄膜制品时，又可做良好的食品包装材料。

四、聚氯乙烯塑料

聚氯乙烯，根据加入增塑剂量的多少分为硬质聚氯乙烯和软质聚氯乙烯。

软质聚氯乙烯可制成较好的农用薄膜，常用来制作雨衣、台布、窗帘、票夹、手提袋等。还被广泛用于制造塑料鞋及人造革。

硬质聚氯乙烯能制成透明、半透明及各种颜色的珠光制品。常用来制作皂盒、梳子、洗衣板、文具盒、各种管材等。

五、ABS

ABS树脂是丙烯腈-丁二烯-苯乙烯三种单体共同聚合的产物，简称ABS三元共聚物。这种塑料由于其成分A（丙烯腈）、B（丁二烯）和S（苯乙烯）在组成中比例不同，以及制造方法的差异，其性质也有很大的差别。ABS适合注塑和挤压加工，故其用途也主要是生产这两类制品。ABS树脂色彩醒目，耐热、坚固、外表面可镀铬、镍等金属薄膜，可制作琴键、按钮、刀架、电视机外壳、伞柄等。

伴随人们生活节奏的加快，社会生活正向便利化、卫生化发展。为了顺应这种需求，一次性泡沫塑料饭盒、塑料袋、筷子、水杯等开始频繁地进入人们的日常生活。这些使用方便、价格低廉的包装材料的出现给人们的生活带来了诸多便利。但另一方面，这些包装材料在使用后往往被随手丢弃，造成"白色污染"，形成环境危害，成为极大的环境问题。

所谓"白色污染"是指由农用薄膜、包装用塑料膜、塑料袋和一次性塑料餐具（以上统称塑料包装物）的丢弃所造成的环境污染。由于废旧塑料包装物大多呈白色，因此称之为"白色污染"。我国是世界上十大塑料制品生产和消费国之一，所以"白色污染"日益严重。

↓塑料文具

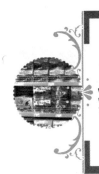

绿色食品好在哪里

绿色食品是指按特定生产方式生产，并经国家有关的专门机构认定，准许使用绿色食品标志的无污染、无公害、安全、优质、营养型的食品。

石油农业污染了地球

第二次世界大战以后，欧美和日本等发达国家在工业现代化的基础上，先后实现了农业现代化。一方面大大地丰富了这些国家的食品供应，另一方面也产生了一些负面影响。主要是随着农用化学物质源源不断地、大量地向农田中输入，造成有害化学物质通过土壤和水体在生物体内富集，并且通过食物链进入到农作物和畜禽体内，导致食物污染，最终损害人体健康。可见，过度依赖化学肥料和农药的农业(也叫作"石油农业")，会对环境、资源以及人体健康构成危害，

并且这种危害是隐蔽性的，还具有长期性的特点。

1962年，美国的雷切尔·卡逊女士以密歇根州东兰辛市为消灭伤害榆树的甲虫所采取的措施为例，披露了杀虫剂DDT危害其他生物的种种情况。该市大量用DDT喷洒树木，树叶在秋天落在地上，蠕虫吃了树叶，大地回春后知更鸟吃了蠕虫，一周后全市的知更鸟几乎全部死亡。卡逊女士在《寂静的春天》一书中写道："全世界广泛遭受治虫药物的污染，化学药品已经侵入万物赖以生存的水中，渗入土壤，并且在植物上布成一层有害的薄膜……已经对人体产生严重的危害。除此之外，还有可怕的后遗祸患，可能几年内无法查出，甚至可能对遗传有影响，几个世代都无法察觉。"卡逊女士的论断无疑给全世界敲响了警钟。

绿色食品应运而生

20世纪70年代初，由美国扩展到欧洲和日本旨在限制化学物质过量投入以保护生态环境和提高食品安全性的"有机农业"思潮影响了许多国家。一些国家开始采取经济措施和法律手段，鼓励、支持本国无污染食品的开发和生产。自1992年联合国在里约热内卢召开的环境与发展大会后，许多国家从农业着手，积极探索农业可持续发展的模式，以减缓石油农业给环境和资源造成的严重压力。欧洲、美国、日本和澳大利亚等发达国家和一些发展中国家纷纷加快了生态农业的研究。在这种国际背景下，我国决定开发无污染、安全、优质的营养食品，并且将它们定名为"绿色食品"。

↓待售的绿色食品

无可抵挡的酸雨

酸雨可分为"湿沉降"与"干沉降"两大类。前者指的是所有气状污染物或粒状污染物，随着雨、雪、雾或雹等降水形态而落到地面上；后者则是指在不下雨的日子，从空中降下来的落尘所带的酸性物质。

酸雨的成因

酸雨是怎么形成的呢？

酸雨的形成是一种复杂的大气化学和大气物理现象。酸雨中含有多种无机酸和有机酸，绝大部分是硫酸和硝酸，还有少量灰尘。

煤、石油和天然气等化石燃料，都是在地下埋藏上亿年，由古代的动植物化石转化而来，故称做化石燃料。

煤中含有硫，燃烧过程中生成大量二氧化硫，此外煤燃烧过程中的高温使空气中的氮气和氧气结合为一氧化氮，继而转化为二氧化氮，造成酸雨。

工业过程，如金属冶炼中，某些有色金属的矿石是硫化物，铜、铅、锌便是如此。将铜、铅、锌硫化物矿石还原为金属的过程中，将逸出大量二氧化硫气体，部分被回收为硫酸，部分进入大气。

交通运输，如汽车尾气：在发动机内，活塞频繁打出火花，如天空中的闪电，使氮气变成二氧化氮。

酸雨的危害

城市大气污染严重改变了季节变化和昼夜变化的规律，大体可分为煤炭型和石油型两类。煤炭型是燃煤引起，因此污染强度以对流最强的夏季和白天为最轻，而以逆温最强、对流最弱的冬季和夜间为最重。伦敦烟雾事件就属于这种类型。石油型是石油和石油化学产品以及汽车尾气所产生，由于氮氧化物和碳氢化物等生成光化学烟雾时需要较高的气温和强烈的阳光，因此污染强度变化规律和煤炭型刚好相反，即以夏季午后发生频率最高，冬季和夜间少或不发生。洛杉矶光化学烟雾就属于这个类型。

酸雨可导致土壤酸化。我国南方土壤本来多呈酸性，再经酸雨冲刷，加速了酸化过程。

酸雨能使非金属建筑材料（混凝土、砂浆和灰砂砖）表面溶解，出现空洞和裂缝，导致强度降低，从而损坏建筑物。

扩展阅读

中国北京国子监街孔庙内的"进士题名碑林"（共198块）距今已有700年历史，上面共铭刻了元、明、清三代51624名中第进士的姓名、籍贯和名次，是研究中国古代科举考试制度的珍贵实物资料，已被列为全国重点文物保护单位。近年来，许多石碑表面因大气污染和酸雨出现了严重腐蚀剥落现象，具有珍贵历史价值的石碑已变得面目全非。据管理人员介绍，这些石碑主要是最近3年中损坏得比较厉害，所以第198块进士题名碑距今虽只有不到百年的时间，但它的毁损程度也丝毫不亚于其他石碑。实际上，北京其他石质文物，例如，大钟寺的钟刻、故宫汉白玉栏杆和石刻，以及卢沟桥的石狮等，也都不同程度存在着腐蚀或剥落现象。

↓酸雨过后

亚当的苹果
——兴奋剂

服用一些可以导致成绩提高的药物，从而不正当地在竞赛中提高运动成绩的物质，也被看作是使用兴奋剂。

透支生命的兴奋剂

兴奋剂在英语中称"Dope"，原意为"供赛马使用的一种鸦片麻醉混合剂"。由于运动员为提高成绩而最早服用的药物大多属于兴奋剂药物——刺激剂类，所以尽管后来被禁用的其他类型药物并不都具有兴奋性（如利尿剂），甚至有的还具有抑制性（如β-阻断剂），国际上对禁用药物仍习惯沿用兴奋剂的称谓。因此，如今通常所说的兴奋剂不再是单指那些起兴奋作用的药物，而实际上是对禁用药物的统称。

兴奋剂可以导致服用者出现严重的性格变化，还可以产生药物依赖性，并导致细胞和器官功能异常，也会使服用者产生过敏反应，损害免疫力。

使用兴奋剂的危害主要来自激素类和刺激剂类的药物。特别令人担心的是，许多有害作用是在数年之后才表现出来，而且即使是医生也分辨不出哪些运动员正处于危险期，哪些暂时还不会出问题。

兴奋剂有哪些

刺激剂。这类药物按药理学特

↓尿检

点和化学结构可分为以下几种：一是精神刺激药：包括苯丙胺和它的相关衍生物及其盐类。二是拟交感神经胺类药物：这是一类仿内源性儿茶酚胺的肾上腺素和去甲肾上腺素作用的物质，以麻黄碱和它们的衍生物及其盐类为代表。三是咖啡因类：此类又称为黄嘌呤类，因其带有黄嘌呤基团。四是杂类中枢神经刺激物质：如胺苯唑、戊四唑、尼可刹米和士的宁等。

麻醉止痛剂。这类药物按药理学特点和化学结构可分为两大类。一是哌替啶类：杜冷丁、安诺丁、二苯哌已酮和美沙酮等；二是阿片生物碱类：包括吗啡、可待因、狄奥宁（乙基吗啡）、海洛因、羟甲左吗南和喷他佐辛等。

合成类固醇类。作为兴奋剂使用的合成类固醇，其衍生物和商品剂型品种特别繁多，多数为雄性激素的衍生物。这是目前使用范围最广，使用频率最高的一类兴奋剂，也是药检中的重要对象。国际奥委会只是禁用了一些主要品种，但其禁用谱一直在不断扩大。

血液兴奋剂又称为血液红细胞回输技术，20世纪40年代开始使用，原来是用异体同型输血，来达到短期内增加血红细胞数量，从而增强血液载氧能力。进入20世纪80年代，发明了血液回输术。有报道说，血液回输引起的红细胞数量等血液指标的升高可延续3个月。1988年汉城奥运会正式被国际奥委会列入禁用范围。

知识链接

国际体坛有一则"经典问答"，向世人揭露出了风光的运动员背后残酷的一面：1984年洛杉矶奥运会前，加拿大反对滥用药物组织主席、类固醇专家鲍勃·戈德曼曾经向198名世界优秀运动员提出这样的问题："如果我有一种神奇的药物，它能使你们五年之内在包括奥运会在内的所有比赛中战无不胜，但你们吃了这种药，五年之后就会死去，你们愿意吃吗？"结果让人瞠目结舌，竟有103名运动员回答说愿意吃。

90年代苏联解体，两大阵营对峙的冷战局面结束以后，将奥运会等大型综合性体育比赛作为和平时期的一种民族竞争和政治对抗形式的倾向已趋淡化。而竞技体育日益严重的商业化，已成为驱使运动员使用兴奋剂的主要原因。

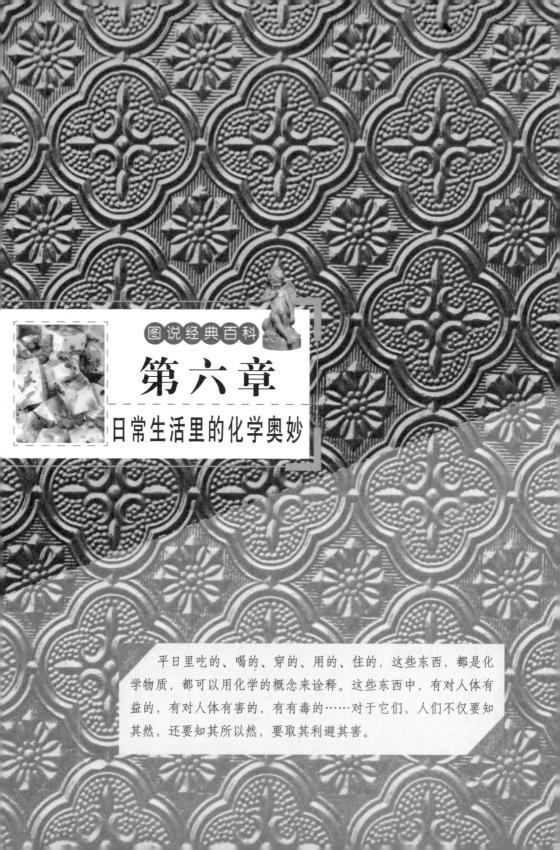

图说经典百科

第六章

日常生活里的化学奥妙

平日里吃的、喝的、穿的、用的、住的，这些东西，都是化学物质，都可以用化学的概念来诠释。这些东西中，有对人体有益的，有对人体有害的，有有毒的……对于它们，人们不仅要知其然，还要知其所以然，要取其利避其害。

人体是由什么成分组成的

　　人的身体也是由各种化学元素组成的，但是到底是哪些化学元素组成了可运动、会思考的人呢？科学家研究，人体主要是由水、蛋白质、脂肪、无机质四种成分构成，其正常比例是：水占55%，蛋白质占20%，体脂肪占20%，无机质占5%。人体成分的均衡是维持健康状态的最基本条件。

水是人体之源

　　人体内的水可分为细胞内液和细胞外液。正常状态下人体的细胞内液和细胞外液的比例保持2:1。这些体液占体重的50%—60%，是体内所占份额最大的成分，作为载体它为细胞提供营养和氧气，并将二氧化碳和体内垃圾溶在水里送到人体的各器官进行化学处理。体液在好几个方面维持着均衡，细胞内占2/3，细胞外占1/3，这一分布比例非常稳定。但是，如果新陈代谢出了问题的话，就会出现水肿或脱水现象，原来的水分分布将失去均衡。

蛋白质与脂肪构成生命

　　蛋白质是由多种化学物质以环状形态构成且具有黏着性的人体成分。肌肉中含有大量的蛋白质，骨骼和脂肪里也溶入了一些蛋白质。蛋白质的匮乏意味着四肢的肌肉及形成脏器的肌肉不足。如果肌肉是利用人体的能源活动身体和脏器的器官的话，那么肌肉的不足就意味着体质弱，没有活力。癌症及慢性病患者中有很多人的直接死因是缺乏营养导致特定器官停止运动。

　　体内脂肪是将体内多余营养浓缩储藏在皮下和腹部内脏周围的成分。人体中可作为能量使用的三大营养素是碳水化合物、蛋白质、脂肪。每一克碳水化合物或蛋白质可释放4千卡（kcal）的热量，而脂肪却能释放9千卡（kcal）的热量。碳水化合物和蛋白质在体内以包含大量水分的状态存在，从这一点上就可以看出其在储存方面的劣势。

体内脂肪是人体维持生命所必需的营养成分，人体内应存有一定量的脂肪，如果脂肪量不足，就说明营养状态不佳。但一般不以缺少脂肪来判断营养缺乏，而以肌肉量不足来判断，其原因是缺乏营养的症状首先表现在肌肉量的减少，即蛋白质的减少。人体处于缺乏营养或饥饿状态，就会先将蛋白质分解补充不足的营养素，所以蛋白质不足现象一般先于脂肪不足而出现营养缺乏症状。

↓人体的主要成分是水

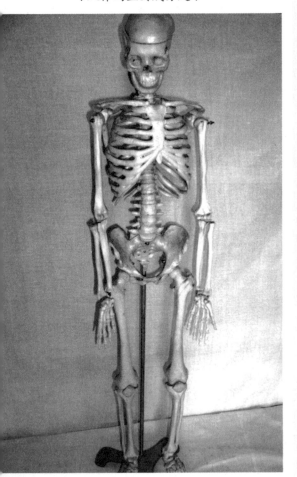

无机质是身体架构的支柱

无机质是维持身体架构的支柱，在大脑里它是保护重要脑器官的盾牌。含蛋白质与钙质的无机质聚合组成坚固的骨骼。但如果钙质从骨骼组织中脱落随小便排出体外的话，骨骼的密度逐渐降低，原来钙质所占的空间空掉了，就会导致骨质疏松症。骨质疏松症有时是与特定激素代谢的副作用有关的。但很多研究证明，无机质的多少和人体的肌肉量有着密切关系，骨质疏松症也和体脂肪过量和肌肉缺乏所引起的人体成分不均衡有关，从而导致骨质量的缺乏和骨密度低下。因此，一般来讲，喜欢运动的人，肌肉发达，体脂肪含量正常，所以不缺骨质量，不易患骨质疏松症。

减肥到底是减什么呢

减肥已经成为一种常态，年轻女性对减肥的热衷带动了一个行业的兴起——减肥产业。

什么人应该减肥

人因为胖而要减肥，所谓的"肥"，就是指脂肪。通常人们认为肥胖就是单纯意义上的胖，而胖就说明脂肪多，但这也不是绝对的。

体重很重的摔跤运动员就不能说他胖，而不少体重很轻的年轻女性中也有不少脂肪过多的人。肥胖的正确定义应该以脂肪量和肌肉的比例来解释。脂肪是储存和释放能量的人体组织，而肌肉是使用能量进行运动的组织。两个组织之间的协调关系被打破，脂肪相对增多的情况叫作真正的肥胖。

标准身体脂肪比率：女性为$23\pm5\%$，男性为$15\pm5\%$；17岁以下的男子，7岁时为20%，以后每年减少0.5%，到17岁为15%。身体脂肪比率比标准比率低时，有两种情况：一类是运动量多的肌肉型体格，是理想的体格；一类是营养缺乏，为不健康状态。

一般来说人体脂肪的分布50%在四肢，肌肉中有5%，躯干有45%。

年轻女性和儿童青少年中常见的情况是虽然并不胖，体重处于标准或偏低的状态，但体成分检测得知脂肪率较高，也就是说低肌肉型肥胖者居多。若体内脂肪与肌肉相比偏多，那么多余肌肉比例的脂肪成分就会在血液里流转终至附在血管壁上，导致动脉硬化，动脉管壁逐渐变厚，管变窄就导致高血压，粘在血管壁上的血栓脱落随血液流转中堵塞脑血管或使其破裂，最终发展至中风。

应该如何减肥

经科学研究发现，饮食量、运动量和人体成分的变化有密切的关系。想要成功减肥，首先要知道减少体重的原理。减少体重的绝对准则就是饮食量要少于消耗的能量。人体在消耗热量时，所要用到的原料营养素和人体成分的变化，大体上可分为四个阶段。

第一阶段，血液里的葡萄糖是能量的源泉，当其缺乏时，人体将肝糖原分解为葡萄糖。在肝糖原分解的过程中，水分的排泄增多，因此体重会减少。

第二阶段，人体将以脂肪为原料的葡萄糖消耗完之后，下一步将蛋白质分解成葡萄糖。这时，蛋白质组织的损失就是肌肉的损失，所以一定要同时加强运动，增加肌肉的合成。蛋白质里也有很多水分，这个阶段水分排泄也会增多。

第三阶段，蛋白质的消耗将会减少，体脂肪成为主要能源。与碳水化合物、蛋白质相比，脂肪的能源消耗效率要高两倍，少量脂肪就能释放出很多能量，因此这个阶段的体重减少比前两个阶段要缓慢。

第四阶段，减肥进入后期，体脂肪成为主要的能源，体重和体脂肪率同时减少，这个时期发生真正的体重减少。人体在进入第四阶段后，必要的基础代谢量将要减少，处于长期的饥饿状态，以致影响身体成分平衡，这不是直接去除脂肪的好方法。

↓科学合理的饮食才能塑造好体型

喝矿泉水到底有什么用

矿泉水是地下自然涌出的或者人工采集的没有被污染的矿物质水，含有一定的矿物盐、微量元素和二氧化碳气体。

神奇的矿泉水

这是一个在内蒙古大草原上广泛流传的关于阿尔山神泉水的故事。

许久以前，有个蒙古族奴隶，被王爷派去狩猎。一天，他射到了一只梅花鹿，中箭的梅花鹿奋力跃进一处泉水里，挣扎着游上彼岸，竟没事似的，一溜烟逃得不见踪影。

愚蠢的王爷不相信奴隶的话，认为他不诚实，打不到猎物还要说谎话，就打断了他的双腿，扔到野外去喂狼。这个奴隶拖着断腿找到了那处泉水，又饥又渴的他吮吸着

日甜的泉水。奇迹出现了，他觉得伤口不那么痛了，一会儿便坐了起来，他用泉水洗涤伤口，几天后，断腿居然接好……

矿泉水的作用

现代医学研究表明，生理上不可缺少的矿物质化学元素，有十五种之多。

人们都有这样的体验，十一二岁的孩子，女孩往往比男孩高许多。这是为什么呢？这个年龄的男孩，体内的锌元素，全部供性器官发育，再没有余力顾及骨骼的增长了。但青春期一过，男孩个儿突然超过女孩很多。锌还能防止动脉硬化、皮肤疾病。缺锌可引起侏儒症、皮肤病等；癌症的成因，也与缺锌有关。

钠、钾的作用，早为人们所熟知；氟可促进血红蛋白的形成，可使钙在骨骼和牙齿中积聚；碘可防治甲状腺肿，镁能使肌肉富有弹

性；铬、硒等稀有元素，可使人长寿……

然而这些矿物质化学元素，大多数可以在矿泉水中得到补充。

根据身体状况及地区饮用水的差异，选择饮用合适的矿泉水，可以起到补充矿物质，特别是微量元素的作用。盛夏季节饮用矿泉水补充因出汗流失的矿物质，是有效手段。

矿泉水中的锂和溴能调节中枢神经系统活动，具有安定情绪和镇静作用。长期饮用矿泉水还能补充膳食中钙、镁、锌、硒、碘等营养素的不足，对于增强机体免疫功能，延缓衰老，预防肿瘤，防治高血压、痛风与风湿性疾病也有着良好作用。此外，绝大多数矿泉水属微碱性，适合于人体内环境的生理特点，有利于维持正常的渗透压和酸碱平衡，促进新陈代谢，加速疲劳恢复。

扩展阅读

矿泉水一般应以不加热冷饮或稍加温为宜，最好不要煮沸。因为矿泉水一般含钙、镁较多，有一定的硬度，常温下钙、镁呈离子状态，极易被人体所吸收，起到很好的补钙作用。而煮沸时钙、镁易析出，这样既丢失了钙、镁，还造成了感官上的不适，所以矿泉水的最佳饮用方法是常温下直接饮用。

↓矿泉水

卤水有毒为什么可以点豆腐

传统的豆腐是将水磨大豆加盐卤或石膏作凝固剂制成，前者被称为北豆腐，后者被称为南豆腐。

卤水点豆腐

盐卤又叫卤碱，它是制盐过程渗出的液体。盐卤里有许多电解质，主要是钙、镁等金属离子，它们会使人体内的蛋白质凝固，所以人如果多喝了盐卤，就会有生命危险。

盐卤主要成分是二氧化镁，其次是氯化钠、氯化钾等，还含微量元素。盐卤对皮肤、黏膜有很强的刺激作用，对中枢神经系统有抑制作用，可中毒致死。

用水把黄豆浸胀，磨成豆浆，煮沸，然后进行点卤——往豆浆里加入盐卤。这时，就有许多白花花的东西析出来，一过滤，就制成了豆腐。

盐卤既然喝不得，为什么做豆腐却要用盐卤呢？

原来，黄豆最主要的化学成分是蛋白质。蛋白质是由氨基酸所组成的高分子化合物，在蛋白质的表面上带有自由的羧基和氨基。由于这些基对水的作用，使蛋白质颗粒表面形成一层带有相同电荷的水膜的胶体物质，使颗粒相互隔离，不会因碰撞而黏结下沉。

点卤时，由于盐卤是电解质，它们在水里会分成许多带电的小颗粒——正离子与负离子，由于这些离子的水化作用而夺取了蛋白质的水膜，以致没有足够的水来溶解蛋白质。另外，盐的正负离子抑制了由于蛋白质表面所带电荷而引起的斥力，这样蛋白质的溶解度降低，使颗粒相互凝聚成沉淀。这时，豆浆里就出现了许多白花花的东西了。

豆腐的营养价值

大豆本身含有丰富的蛋白质，但不容易被人体消化和吸收，而经过加工的豆腐，其蛋白质分子内部结构肽链折叠方式发生变化，密度变得疏松，使营养素的吸收率大大提高，经过烧煮的大豆消化率只有65.3%，而豆腐达92%—96%，且经过加工的豆腐能去除豆腥味，还增加了特有的香味。

豆腐是人们植物蛋白质的最好来源，所以有"植物肉"的美誉。用卤水生产的豆腐还为人类提供丰富的钙和镁，而钙是人体各种生理和生化代谢过程中所需的重要元素，它能保持细胞膜的完整性，参与神经和肌肉的活动，是构成骨骼和牙齿的主要成分，是少年儿童生长发育和中老年人预防、治疗骨质疏松的物质基础。吃200克老豆腐就可满足一天1/3的钙需要量。镁能舒张动脉血管的紧张度，帮助降血压，预防心脑血管疾病，强骨健齿。豆制品还含有磷脂、异黄酮，又不含胆固醇，所以豆腐是名副其实的健康食品。

↓麻婆豆腐

图说经典百科

第七章

为化学献身的先驱们

有一些人，他们聪明，他们敏感，他们不擅长与人斗，但他们能够征服自然。他们的聪明，在与自然界的斗智斗勇中显露无遗；他们的敏感，使得他们能够察觉每一个细微的变化。这些人是伟大的，是值得我们永远敬仰的。

化学开创者
——波义耳

☆ 姓名：罗伯特·波义耳
☆ 国籍：英国
☆ 性别：男
☆ 生卒年：1627—1691

波义耳出生于1627年，卒于1691年。波义耳《怀疑派化学家》一书的诞生，正式把化学确立为一门科学。

波义耳的成就

波义耳生活在英国资产阶级革命时期，也是近代科学开始出现的时代，这是一个巨人辈出的时代。波义耳在1627年1月25日生于爱尔兰的利兹莫城。就在他诞生的前一年，提出"知识就是力量"著名论断的近代科学思想家弗朗西斯·培根刚去世。伟大的物理学家牛顿比波义耳小16岁。近代许多科学伟人，如意大利的伽利略、德国的开普勒、法国的笛卡尔都生活在这一时期。

波义耳出生在一个贵族家庭，优裕的家境为他的学习和日后的科学研究提供了较好的物质条件。波义耳在科学研究上的兴趣是多方面的。他曾研究过气体物理学、气象学、热学、光学、电磁学、无机化学、分析化学、化学、工艺、物质结构理论以及哲学、神学。其中成就突出的主要是化学。

《怀疑派化学家》

在波义耳时代，化学还深深地禁锢在经院哲学之中，化学家把亚里士多德的观点奉为圣典，认为：冷、热、干、湿是物体的主要性质，这种性质两两结合就形成了土、水、气、火"四元素"。照这种观点，物质的性质是第一性的，物质本身反而是第二性的。改变物质的性质就可以改变物质本身。炼金术就是这种哲学思想指导下的产物。

继炼金术而起的是医药化学家的"三元素"学说。他们认为：万物皆是由代表一定性质的盐、汞、硫三元素以不同的比例组成的。某一元素成分的多寡，就决定了该物质的性质。不难看出，三元素学说在理论上和四元素学说如出一辙。

1661年，波义耳出版《怀疑派化学家》，对这种经院哲学给以毁灭性的打击。初次出版时是匿名的，后来续出多版，才将他的大名揭出。

书中波义耳认识到化学值得为其自身的目的去进行研究，

而不仅仅是从属于医学或炼金术的；其次，波义耳认为，实验和观察的方法才是形成科学思维的基础，化学必须依靠实验来确定自己的基本定律。

还有，波义耳为化学元素下了一个清楚的定义。他通过实验证明，"四元素"和"三元素"是根本站不住脚的。他指出，元素就是"具有确定的、实在的、可觉察到的实物，它们应该是用一般化学方法不能再分为更简单的某些实物"。波义耳还认为，确定哪些物质是元素，哪些物质不是元素，其唯一的手段是实验，而且他确实用实验手段确定了金、银、汞、硫黄这些物质是元素。

↓爱尔兰——波义耳的故乡

近代化学之父
——道尔顿

☆ 姓名：约翰·道尔顿
☆ 国籍：英国
☆ 性别：男
☆ 生卒年：1766—1844

　　道尔顿，英国化学家，近代化学奠基人，1766年9月6日生于英格兰北方坎伯雷鹰田庄，1844年在曼彻斯特过世，终生未娶。

道尔顿的经历

　　道尔顿的父亲是一位农民兼手工业者。幼年时家贫，无钱上学，加上又是一个红绿色盲患者，生活艰辛，但他以惊人的毅力，自学成才。

　　道尔顿才智早熟，1778年，他12岁时就当上了教师，在乡村小学任教；1781年15岁应表兄之邀到肯德尔镇任中学教师，在哲学家高夫的帮助下自修拉丁文、法文、数学和自然哲学等，并开始对自然进行观察，记录气象数据，从此学问大有长进；1793年27岁任曼彻斯特新学院数学和自然哲学教授；1796年任曼彻斯特文学与哲学学会会员，1800年担任该会的秘书，1817年升为该会会长，1816年选为法国科学院通讯院士，1822年选为皇家学会会员。1826年，英国政府将英国皇家学会的第一枚金质奖章授予了道尔顿。

道尔顿的去世

　　1817年道尔顿当选曼彻斯特文学与哲学学会会长，一直任职到去世，同时继续进行科学研究，他使用原子理论解释无水盐溶解时体积不发生变化的现象，率先给出了滴定分析法原理的描述。但是，晚年的道尔顿思想趋于僵化，他拒绝接受盖·吕萨克的气体分体积定律，坚持采用自己的原子量数值而不接受已经被精确测量的数据，反对永斯·贝采利乌斯提出的简单的化学符号系统。

1844年7月26日，他用颤抖的手写下了他最后一篇气象观测记录。7月27日他从床上掉下，服务员（道尔顿终生未婚）发现他时已去世。为纪念道尔顿，很多化学家用道尔顿作为原子量的单位。

道尔顿的研究记录在他死后被完整收藏在曼彻斯特，但却毁于第二次世界大战时的曼彻斯特轰炸。以撒·艾西莫夫为此事叹道：不是只有活人才会在战争中被杀害。

↓道尔顿发现的原子

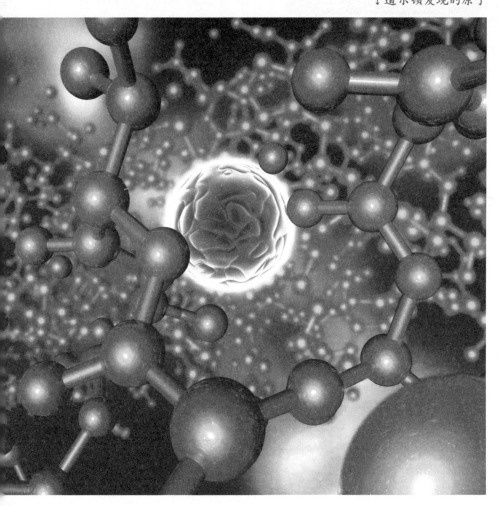

害羞的科学家
——卡文迪许

☆ 姓名：亨利·卡文迪许
☆ 国籍：英国
☆ 性别：男
☆ 生卒年：1731—1810

卡文迪许是英国化学家、物理学家。公元1731年10月10日生于法国尼斯。1742年—1748年他在伦敦附近的海克纳学校读书。1749年—1753年期间在剑桥彼得豪斯学院求学。在伦敦定居后，卡文迪许在他父亲的实验室中当助手，做了大量的电学、化学研究工作。他的实验研究持续达50年之久。1760年卡文迪许被选为伦敦皇家学会成员，1803年又被选为法国研究院的18名外籍会员之一。 公元1810年3月10日，卡文迪许在伦敦逝世，终身未婚。

卡文迪许的成就

卡文迪许毕生致力于科学研究，从事实验研究达50年之久，性格孤僻，很少与外界来往。卡文迪许的主要贡献有：1781年首先制得氢气，并研究了其性质，用实验证明它燃烧后会生成水。但他曾把发现的氢气误认为是燃素，不能不说是一大憾事。1785年卡文迪许在空气中引入电火花的实验使他发现了一种不活泼的气体的存在。他在化学、热学、电学、万有引力等方面进行了很多成功的实验研究，但很少发表，过了一个世纪后，麦克斯韦整理了他的实验论文，并于1879年出版了名为《尊敬的亨利·卡文迪许的电学研究》一书，此后人们才知道卡文迪许做了许多电学实验。麦克斯韦对卡文迪许生前的研究与实验非常敬佩，并给予了高度评价。

学者的首富

据说卡文迪许很有素养，但是没有当时英国的那种绅士派头。他不修边幅，几乎没有一件衣服是不掉扣子的；他不好交际，不善言谈，终生未婚，过着奇特的隐居生活。卡文迪许为了搞科学研究，把客厅改作实验室，在卧室的床边放着许多观察仪器，以便随时观察天象。他从祖上接受了大笔遗产，成为百万富翁。不过他一点也不吝啬。有一次，他的一个仆人因病生活十分困难，向他借钱，他毫不犹豫地开了一张一万英镑的支票，还问够不够用。卡文迪许酷爱图书，他把自己收藏的大量图书，分门别类地编上号，管理得井然有序，无论是借阅，还是自己阅读，都毫无

↓卡文迪许速写

例外地履行登记手续。卡文迪许可算是一位活到老、干到老的学者，直到79岁高龄，逝世前夜还在做实验。卡文迪许一生获得过不少外号，有"科学怪人""科学巨擘""最富有的学者""最博学的富豪"等。

扩展阅读

卡文迪许手稿

1810年卡文迪许逝世后，他的侄子齐治把卡文迪许遗留下的20捆实验笔记完好地放进了书橱里，谁也没有去动它。谁知手稿在书橱里一放竟是60年。一直到了1871年，另一位电学大师麦克斯韦应聘担任剑桥大学教授并负责筹建卡文迪许实验室时，这些充满了智慧和心血的笔记才获得了重见天日的机会。麦克斯韦仔细阅读了前辈在100年前的手稿，不由大惊失色，连声叹服说："卡文迪许也许是有史以来最伟大的实验物理学家，他几乎预料到电学上的所有伟大事实。这些事实后来通过库仑和法国哲学家的著作闻名于世。"此后麦克斯韦决定搁下自己的一些研究课题，呕心沥血地整理这些手稿，使卡文迪许的光辉思想流传了下来。真是一本名著，两代风流，这不啻是科学史上的一段佳话。

两次诺贝尔之旅
——居里夫人

☆ 姓名：玛丽·居里
☆ 国籍：法兰西
☆ 性别：女
☆ 生卒年：1867—1934

第一次获得诺贝尔奖

从1896年开始，居里夫妇共同研究起了放射性。在此之前，德国物理学家伦琴(Wilhelm Roentgen 1845—1923)发现了X射线（他因此获得1901年诺贝尔物理学奖），贝克勒尔发现了铀盐发射出类似的射线，居里夫人发现钍(Th)亦具有放射性，并且她发现沥青铀矿中含有某种物质比镭和钍的放射性都要强。居里夫妇于是努力寻找，终于在1898年宣布发现了放射性元素镭。他们最终从8吨废沥青铀矿中制得1克纯净的氯化镭，还提出了镭射线（现在已知它是由电子组成的）是带负电荷微粒的观点。 1903年，居里夫人获得诺贝尔物理学奖。

第二次获得诺贝尔奖

1906年皮埃尔·居里不幸被马车撞死，但居里夫人未因此倒下，她仍然继续研究，于1910年与德比恩（1874—1949，于1899年从沥青铀矿中发现放射性元素锕Ac）一起分离出纯净的金属镭。 1911年，居里夫人获得诺贝尔化学奖。

1914年第一次世界大战爆发时，居里夫人用X射线设备装备了救护车，并将其开到了前线。国际红十字会任命她为放射学救护部门的领导。在她女儿伊雷娜和克莱因的协助下，居里夫人在镭研究所为部队医院的医生和护理员开了一门课，教他们如何使用X射线这项新技术。20世纪20年代末期，居里夫人的健康状况开始走下坡路，长期受放射线的照射使她患上白血病，终于在1934年7月4日不治而亡。在此之前几个月，她的女儿伊雷娜和女婿约里奥·居里宣布发现人工放射性（他们俩因此而荣获1935年诺贝尔化学奖）。